荣获江苏省优秀科普作品一等奖

吉姆的科学工厂

刷刷 著

玩不够的科学实验

U0322502

江苏凤凰少年儿童出版社

图书在版编目（CIP）数据

玩不够的科学实验 / 刷刷著. -- 南京 ：江苏凤凰少年儿童出版社，2016.1
（吉姆的科学工厂）
ISBN 978-7-5346-8620-7

Ⅰ. ①玩… Ⅱ. ①刷… Ⅲ. ①科学实验－少儿读物 Ⅳ. ①N33-49

中国版本图书馆CIP数据核字(2015)第301578号

书　　名　吉姆的科学工厂——玩不够的科学实验

丛书策划　陈文瑛
著　　者　刷　刷
责任编辑　邹抒阳
装帧设计　李　璐
出版发行　江苏凤凰少年儿童出版社
地　　址　南京市湖南路1号A楼，邮编：210009
印　　刷　合肥精艺印刷有限公司
开　　本　718毫米×1000毫米　1/16
印　　张　7.5
版　　次　2016年1月第1版　2019年4月第4次印刷
书　　号　ISBN 978-7-5346-8620-7
定　　价　18.00元

（图书如有印装错误请向出版社出版科调换）

目录

“吉姆的科学工厂”——
将带你在科学的世界里漫步，
在想象的空间里游戏，
在思维的赛场上奔跑！

“钓”冰块

元旦假期，窗外飘着一朵朵洁白的雪花。屋里，莉莎和两个同学围坐在桌子边。

“莉莎，今天下大雪，我们不能出去玩了！”朵朵同学托着下巴，看着莉莎。

“是呀！”汉斯同学也托着下巴，他是一位美国小朋友，“新年下雪是吉祥的征兆，可是我现在突然盼着春天快来，我就可以和爸爸妈妈去小河边钓鱼了！”

“钓鱼？哦，‘买疙瘩’（My God）！”朵朵直起身子看着汉斯，“春天还远着呢，想钓鱼，耐心等待吧！”

“说到钓鱼，我突然想起一个好玩的实验！”莉莎对两位同学说，“我们一起来‘钓’冰块如何？”

“哇，钓不到鱼，钓钓冰块似乎也不错哦！”汉斯和朵朵一起点头。

“嘿嘿！你们在说什么？”吉姆抱着球跑过来，“刚才你们在说‘钓’冰块，我没听错吧？**冰块怎么能钓？**”

“想一起钓冰块吗？”莉莎冲吉姆挤挤眼，“OK！你现在帮我们准备实验材料吧！”

“好好好！我来帮忙准备实验材料，可是一会儿我要第一个‘钓’冰块哦！”说完，吉姆开始帮莉莎准备实验材料。

材料

玻璃杯　冰块
盐　　细棉线

步骤 1　在杯子里灌满清水。水位不要太高，以免水溢出杯口。

步骤 2　把冰块放入水中。一般情况下，冰块会浮在水面上，并有部分露出水面。

步骤 3　在冰块露出水面的部分撒上盐，然后把细棉线放在冰块上。

小原理：

盐和冰块接触的时候，盐会将冰块的表面熔点降低。这时，冰块会稍微融化一点点。冰融化会吸收热量，令冰块表面温度降低，而液体会立即重新结冰，冰面上的线头就冻结在冰块上了。于是，我们就能“钓”起冰块。你可千万别以为冰块会彻底融化哦，其实这只是盐造成的假象。

带“电”的气球

放学了，莉莎背着书包正要走出教室，却和吉姆撞了个满怀。

“啊——”

莉莎正要说话，谁知吉姆突然大叫起来：“哇哇哇！莉莎，你手上有电，电得我好痛啊！”吉姆一边说，一边揉着自己的手指。

“电？”莉莎一愣，随即笑起来，“哈哈，刚才是我身上的静电电到你了！”

“静电？静电是什么？”吉姆歪着脑袋看着莉莎。

“静电是一种处于静止状态的电荷。在干燥的季节里，人们很容易发现静电。如晚上睡觉脱衣

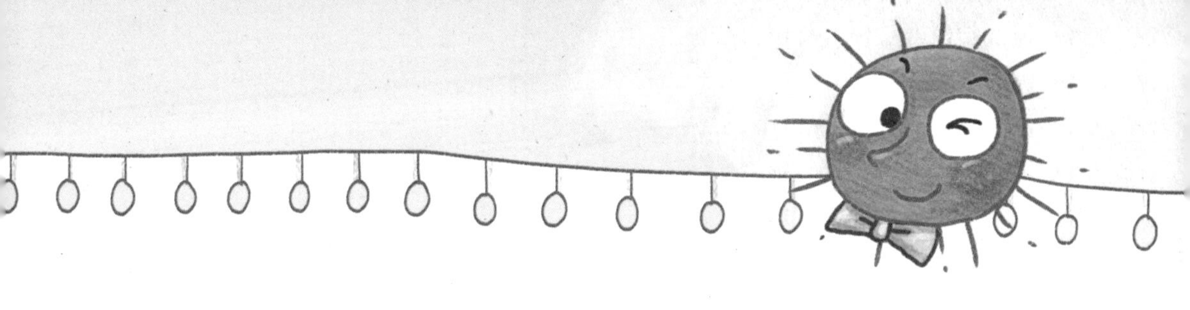

服时，在黑暗中听到噼啪的声响，有时候还伴有**蓝光**；见面握手时，手指刚一接触对方，会突然感到指尖**针刺**般痛；早上起来梳头发的时候，会发现头发在空中‘**飘**’起来……”莉莎说着拍拍吉姆的肩膀，“每个人都会产生静电，你也不例外哦！”

“原来如此！”吉姆点点头，冲向自己的座位。

“吉姆，”莉莎转过身看向吉姆，“说到静电，我有一个与静电有关的好玩的游戏，你想不想玩？”

“什么游戏？快告诉我，我想玩！”吉姆说到这，把书包用力甩到课桌上，“玩什么？”

“**带‘电’的气球！**”莉莎神秘地冲吉姆眨眨眼睛。

“**气球也会带电？**你不是故弄玄虚吧？”吉姆说到

这，上下打量了莉莎一番，“今天好像轮到你洗碗、倒垃圾吧？嘿嘿，莉莎，我可不会为了玩游戏帮你洗碗、倒垃圾哦！”

“故弄玄虚？哼！”莉莎转过身，仰起脑袋，“算了，你不想玩拉倒！我去喊其他同学玩！”

“这……”

吉姆见莉莎一脸严肃，不像开玩笑的样子，心里一阵懊恼。

在他眼中，莉莎会玩的东西可多了。想到这，吉姆连忙跑到莉莎面前，张开手臂，拦住她的去路，说：“莉莎，莉莎！亲爱的莉莎！刚才我说错了！”

“哼！”莉莎还是仰着头，不理会吉姆。

“莉莎，别生气了！我们现在玩带‘电’的气球，

好不好？”吉姆哀求着，“只要你肯教我玩带‘电’的气球，我愿意……我愿意替你洗碗、倒垃圾！”

“真的？”莉莎眼睛一亮，看着吉姆大笑起来，“哈哈，你上当了！我根本没生气！耶——”

“唉！”吉姆郁闷地耷拉着脑袋，“我今天又被你‘玩’了！”

材料

橡皮泥　大头针　薄纸　玻璃杯

气球　剪刀　丝绸

步骤1 将橡皮泥揉成球状，粘在桌面上，将大头针针尖朝上扎在橡皮泥里。

步骤2 剪一张边长为2厘米的正方形纸片，对折后，插在大头针针尖上。

步骤3 用玻璃杯将纸片、大头针与橡皮泥罩住。将气球吹大，用丝绸反复摩擦气球表面某一位置。

步骤4 将气球摩擦过的位置靠近玻璃杯，并上下移动。杯子里的纸张竟然会跟着气球移动。

小原理：

所有物质都是由**原子**组成的，原子又由**原子核**和被原子核吸引的**电子**组成。原子核带**正**电荷，电子带**负**电荷，平时两者所带电荷量相等，因此原子呈**中**性，也就是“不带电”。当原子吸收一定量的外来能量时（比如摩擦），一些电子就会脱离原子核的吸引跑到外面去，原子会因为失去电子而显电性。同时，得到电子的其他物质也就带上了**静电**。气球与丝绸摩擦后，丝绸上的电子会跑到气球上，使气球表面带上静电，这时的气球就可以隔着玻璃杯吸引大头针上的薄纸片了。

让身体从纸中穿过

放学了，吉姆**一蹦一跳**地回家了。突然，他停下了脚步。不远处的家门口，莉莎正拿着钥匙开门。

“嘿！”吉姆蹑手蹑脚地靠近莉莎，猛地伸出手，重重在莉莎后背拍了一下，同时大叫，“莉莎——”

“啊！”莉莎被吓得不轻，她扭头一看，原来是顽皮的吉姆。

“吉姆，你吓死我了！”莉莎不禁伸手敲敲吉姆的头，“你这个坏蛋，为什么要吓我？”

“哈哈，因为你被吓的样子很好玩！”吉姆吐吐舌头，催促道，“**快开门，快开门！**今天的作业好多，我要写语文、数学和英

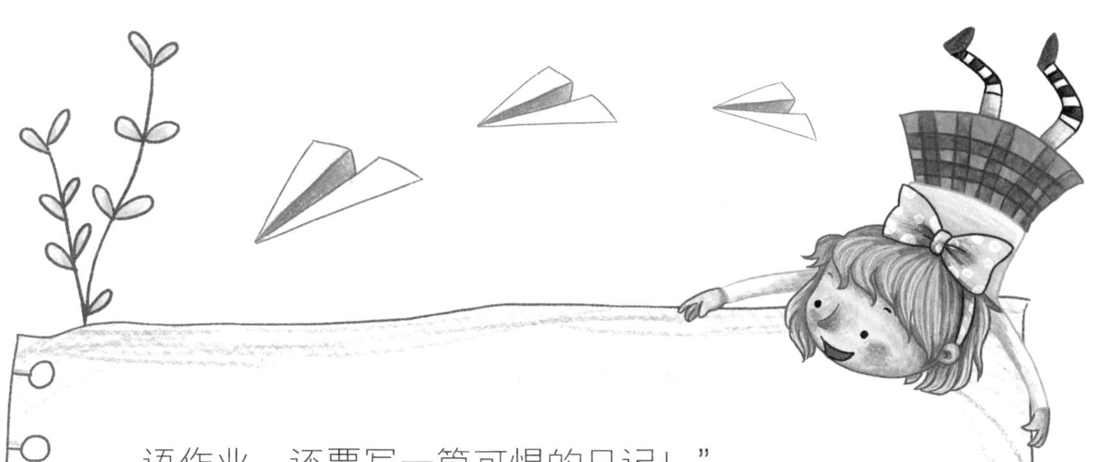

语作业，还要写一篇可恨的日记！”

“急什么？”莉莎转过身把钥匙塞进锁眼，然后一扭动，门开了。

“写作业喽——”吉姆哧溜一下从莉莎的胳膊下钻了过去。

“吉姆！你怎么这么猴急？站住！站住！”莉莎拉住吉姆的衣服，“我问你一个问题！”

“问题？”吉姆眼珠转了转，说，“问题难吗？如果问题很难，我就不回答了！哈哈！”

“哼！”莉莎松开拉着吉姆的手，然后双臂交叉抱在胸口，看着吉姆，慢吞吞地问，“穿过大门很容易，可是你能轻松地穿过一张纸吗？”

“一张纸？”吉姆吃惊地看着莉莎，挠挠头，问，“莉莎，你是要我穿过一张纸吗？”

“嗯哼！”莉莎点点头。

“如果……如果这张纸和门一样高、一样宽，

我当然可以穿过！”吉姆说完笑起来。

“如果是一张A4纸呢？”莉莎看着吉姆，继续问，“怎么样，你没本事穿过去吧？”

“难道你有什么办法？”吉姆疑惑地看着莉莎，“你是不是开玩笑？即使你减肥三个月，我看你也不能从一张A4纸中穿过。”

“既然你不信，就让我做给你看吧！”

莉莎说完，带着吉姆走到桌边，开始示范如何“让

身体从纸中穿过”。

材料

A4 纸　剪刀

步骤 1

将纸张对折。

步骤 2 在纸张中间部位剪出一个长方形。

步骤 3 在纸张开口处，如图所示那样剪开。注意不要剪断。

试试看，你是不是可以穿过去了？

莉莎揭秘

小原理：

哈哈，把纸张变为纸环，这一招太妙了！读者朋友，你想到这一招了吗？如果没想到，那你就是被**思维定式束缚了**。人们常常运用已掌握的方法来解决问题，而在情况发生变化时，则变得束手无策。思维定式妨碍创新，所以我们常常说**“换一种思维可能会海阔天空”**。在学习科学知识的过程中，读者朋友们不要被思维定式束缚哦。

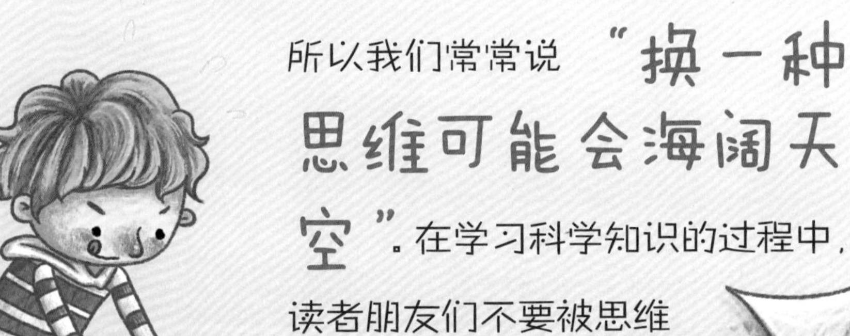

奇妙的"液体层层叠"

今天是寒假第一天，吉姆正坐在客厅里玩积木。

"吉姆，你怎么玩积木？这可是幼儿园小朋友玩的玩具呀！"莉莎拎着一只环保袋走进来。

"我太无聊啦！"吉姆伸手推倒桌子上的"**高楼大厦**"，然后转头看向莉莎，"哇哦，你和大人去超市了？买什么好东西了？"

吉姆兴冲冲地跑到莉莎面前，打开她手里的环保袋，一阵乱翻。

"酱油、盐、牛奶、蜂蜜……天哪！你和大人去超市，买了这么一大包东西，竟然没买一样我喜欢的零食？莉莎，你真是一个地道的**大傻瓜**

哦！我每次和大人去超市，肯定会要求买薯片、QQ糖、可乐、虾条……如果大人不满足我的要求，我绝对绝对不会走出超市的！”吉姆说到这，握着拳头挥了几下，“可恶！连一颗糖都没买，你就被大人带出超市了，真是傻瓜莉莎！”

“好了啦，你快帮我把东西拎进厨房吧，我累死了！”莉莎打断吉姆的话，“你就知道吃，真是只馋猫！”

“嘻嘻！”吉姆吐吐舌头，走到莉莎面前，帮她把一大包东西拿进厨房。

“吉姆！”莉莎站在橱柜边突然喊吉姆，“积木可以一层层叠起来，液体可以一层层叠起来吗？”

“液体？”吉姆吃惊地看着莉莎，愣了好一会儿。突然，他脸上露出笑容，说：“莉莎，别开玩

笑了！液体怎么能像积木一样，一层层叠起来？我可不是白痴，我绝对不相信**液体能一层层叠起来！**”

“嘿嘿，吉姆，你不信吗？看来我得示范给你看看啦！”莉莎从橱柜里拿出几瓶东西，说，“吉姆，你快把桌上的积木收起来，我们来玩‘液体层层叠’！”

“OK！”吉姆兴奋地大叫，“让我见识一下莉莎的**‘液体层层叠’！**”

透明玻璃杯　水

色拉油　蜂蜜

步骤1　向杯子中倒入蜂蜜。

步骤2　待杯子里的蜂蜜沉淀均匀后，慢慢倒入水。注意，倒入水的时候，速度要慢，倒入的水的厚度和蜂蜜厚度基本一致。

步骤3 水没有和蜂蜜混合，而是浮在蜂蜜上面，叠加了一层。

试一试：

如果加入洗涤剂、牛奶，“液体层层叠”会是什么结果呢？

莉莎揭秘

小原理：

液体之所以能像积木一样一层层叠加起来，是因为液体具有不同的密度。因为蜂蜜的密度大，所以蜂蜜在下，水则能浮在蜂蜜之上；因为水比色拉油的密度大，所以水在色拉油的下面，而色拉油可以浮在水之上。这样，不同的液体就实现了层叠。

步骤4 慢慢倒入色拉油，色拉油的厚度与水基本一致。

这样，三种不同的液体便在杯子中一层层叠起来了。

旋转的“小蛇”

周末，小区门口，吉姆拉着莉莎的手，拼命地大喊：“莉莎，**拜托**，把你的零用钱分一半给我吧！我要去游乐园玩，我要去游乐园玩！”

“吉姆！”莉莎用力摇着头，“不，不！上周我已经分了一些零用钱给你，我不能再给你了！”

“**可怜可怜我吧……**”吉姆哀求着，“我的零用钱早用完了，如果你不

分给我，我今天就没法去游乐园玩旋转木马了！呜呜……好惨哦！”

“哈哈！怪只怪你的零用钱都被你浪费了！”莉莎说到这，开始数落吉姆，“你在校门口买一包过期的零食，浪费了三元钱；你去步行街买了一支‘三无’玩具手枪，结果玩三天就坏了，又浪费了五元钱；上周你去游乐园玩卡丁车，一下花了……”

“莉莎，莉莎，停！”吉姆大喊，“别说了，OK？我不找你要零用钱了，行不行？哼，莉莎，你真是抠门，小气鬼！”

“哈哈，吉姆，你这么说我啊？”莉莎大笑起来，“旋转木马有什么好玩的？不如我们回家，我让你玩旋转的‘小蛇’吧？”

“旋转的

‘小蛇’？”吉姆摸了摸头，“什么旋转的‘小蛇’？我没听错吧？”

“嘿嘿！”莉莎怪笑了几下，说，“吉姆，你靠过来！”

“哦。”吉姆不知道莉莎葫芦里卖的是什么药，于是情不自禁地靠近莉莎。

“看！”莉莎突然从口袋里掏出一条蛇。这下可把吉姆吓得不轻，“妈呀！你怎么拿出一条蛇？”

“哈哈！”见吉姆被吓得脸色苍白，莉莎笑得前仰后合，“吉姆，你是男生吗？哈哈，想不到你是一个胆小鬼！仔细看看哦，这只不过是一条**纸蛇**嘛！”

“吓死我了！”吉姆擦擦头上的汗，“**难道这就是旋转的‘小蛇’？**”

“没错！”莉莎点点头，“好了，现在跟我去做游戏吧！我们一起玩旋转的‘小蛇’！”

“嗯嗯，我倒要看看这条蛇如何旋转！”

吉姆跟着莉莎向家里走去……

材料

A4 纸　剪刀

水盆　肥皂

步骤 1 在纸上画一条螺旋状的蛇，宽度约为 1.5 厘米。为了逼真，可以给小蛇涂上绿色。

步骤 2 用剪刀剪下小蛇。

步骤3 把小蛇放在水盆中心，用肥皂涂抹小蛇头部。

小原理：

放在水中的纸蛇若没有受到任何外力的影响是不会旋转的。纸蛇之所以旋转，秘密就在于**它的头部涂抹了肥皂**。肥皂会破坏水面的表面**张力**，这时候蛇头表面受到一个外来**拉力**，于是，蛇就在水盆中心跳舞了。

步骤4 大约1分钟后，小蛇在水盆中心旋转起来，好像在跳舞哦！

有思维的牙签

周末的中午，吉姆坐在餐桌边**狼吞虎咽**地吃着午饭。

“吉姆，你能不能吃慢点？”莉莎见吉姆吃相如此夸张，忍不住笑起来，“瞧你，好像饿了一百年！”

“好吃，好吃，真好吃！”

吉姆放下碗筷，摸着圆滚滚的肚子，伸出舌头舔舔嘴唇，一副满足的表情，“妈妈做的番茄炒蛋真好吃！妈妈炖的鱼汤真鲜美！”

“吉姆，你是不是‘**大胃王**’？”莉莎指着桌子说，“你是我见过的胃口最大的男生！看看，一碗番茄炒蛋被你彻底消灭了！一锅鱼汤被你喝得只剩一丁点儿！你真是太能吃了！”

莉莎不满地看了吉姆一眼，“喂！你今天吃了这么多，

是不是该去洗洗碗，消化一下肚子里的食物？”

“嘻嘻！”吉姆冲莉莎做了个鬼脸，“我们男生多吃肉才能长得壮！你们女生嘛，嘿嘿，最好少吃肉，省得……减肥！”

“你……”莉莎白了吉姆一眼，“可恶的吉姆！”

“哈哈！”吉姆大笑着，抓起桌上的牙签罐，抽出一根牙签，“好像有肉塞住了牙缝，我来**剔剔牙**！”

“吉姆，你还是先去洗碗吧！”莉莎抢过吉姆手里的牙签罐，说，“这些牙签可**不是一般的牙签**哦！”

“什么？”吉姆瞪大眼睛，“不是一般的牙签？”

“对呀！”莉莎凑近吉姆的耳朵说，“吉姆，你知道吗，这些是‘**有思维的牙签**’！”

“啊？”吉姆的眼睛瞪得更大了，“莉莎，你开什么玩笑？牙签又不是人，哪里会有思维？你是不是故弄玄虚？”

“嘿嘿！如果你现在把碗洗干净，我就让你见识这些‘有思维的

牙签’！”

“啊……为什么每次都要我洗碗？真是倒霉！”吉姆郁闷地站起来，“好吧！我发誓，今天如果你不让我见识这些**牙签的思维**，我就和你没完！”

“我保证不会令你失望！”莉莎得意地笑起来，“吉姆，乖乖洗碗哦！我去作准备啦！”

“哼！”吉姆挽起衣袖，开始收拾一桌油腻腻的碗筷。

他在心里对自己说：“早知道今天我洗碗，就不应该把这些菜吃完，要是留下一半，不就可以少洗几个碗吗？**唉**，失算，失算，真失算呀！”

材料　牙签　水盆　方糖　肥皂

步骤1 把6根牙签放在水面，使它们排列成圆圈状。

步骤2 在牙签排成的圆圈的中心位置，放入方糖。观察：牙签会动起来，并向方糖靠拢，最后紧贴着方糖。

步骤3 把水盆中的水倒掉，重新装入自来水，将牙签再次排列成圆圈状。

步骤4 将肥皂切成方糖大小，放在牙签排成的圆圈的中心位置。观察：牙签会远离肥皂，好像被肥皂推开一样，向水盆壁靠去。

多做几次实验看看，牙签好像有思维一样，总是遇方糖就靠拢，遇肥皂就避开，实在有趣。

小原理：

牙签真的有思维吗？

牙签哪有思维呀，这是科学施的“魔法”。方糖在水中会**吸入**水，形成流向自己的水流，于是便把牙签**“拉”**向自己；而肥皂在水中会**释放**油性物质，当油性物质四处扩散时，便把牙签**推**向四周。

午后的院子里，大人都在睡午觉，三楼的窗户里却传出了**不和谐**的声音。

“哼，我再也不和你玩了！”罗斯生气地转过身。

“哼哼，我也不和你玩了！”吉姆赌气地噘起嘴巴。

“以后我再也不会请你吃薯条、巧克力、可乐……”罗斯一边掰着手指，一边冲吉姆翻白眼。

“你……”吉姆看着罗斯，心里一阵气恼：这个小气的女生，竟然不再请自己吃零食。

“哼！下次你遇到毛毛虫、不敢过马路、被男生欺负的时候，我会**袖——手——旁——观**！”吉姆气愤地冲罗斯嚷嚷，“你不要哭着鼻子来找我哦，你不要再让我帮你教训那些坏小子哦！”

“吉姆！吉姆！”罗斯跳起来，“我讨厌你！”

“罗斯！罗斯！”吉姆学着罗斯的样子，也跳起来，“我也讨厌你！”

“喂，你们这是怎么了？”莉莎走进房间，看着互不理睬的罗斯和吉姆，问，“怎么了？你们吵架了吗？”

“哼！”吉姆和罗斯一起背过身，脸上挂着相同的委屈表情。

“谁来和我说说到底发生了什么事？”莉莎拉过一把椅子，坐在吉姆和罗斯对面，“让我来给你们评评理吧！”

“莉莎！”罗斯拉住莉莎的手，“吉姆把我最喜欢的书——《女生密码》撕坏了！”说完，罗斯把一本掉了好几页的书递给莉莎。

“如果我看的时候，你不抢，就不会撕破啊。”吉姆不满地抗议，“都怪你不好！”

“吉姆，你有没有搞错？”罗斯的嗓门大起来，“这本书的名字叫《女生密码》，是专门给我们女生看的书耶！你一个男生为什么要看？”

“为什么要看？”吉姆指着图书封面说，“因为这里写着‘男生不妨也看看’呀！所以嘛，我也要看看啦！”

“讨厌！”罗斯很愤怒。

“可恶！”吉姆很恼火。

“好了，好了！”莉莎拍拍吉姆的头，又拉拉罗斯的手，“你们不是好朋友吗？好朋友就应该和睦相处，怎么可以为这点小事伤了和气呢？”

“从现在开始，我和吉姆不是好朋友了！”罗斯宣布。

“谁稀罕和你做朋友？从现在开始，你是我最讨厌的人！”吉姆冲罗斯挥了挥拳头，“如果再惹我，我就狠狠揍你！”

“哈哈！”莉莎见吉姆和罗斯互不让步，笑起来，“看到你们这个样子，我想起一个好玩的实验——‘势不两立的水’！”

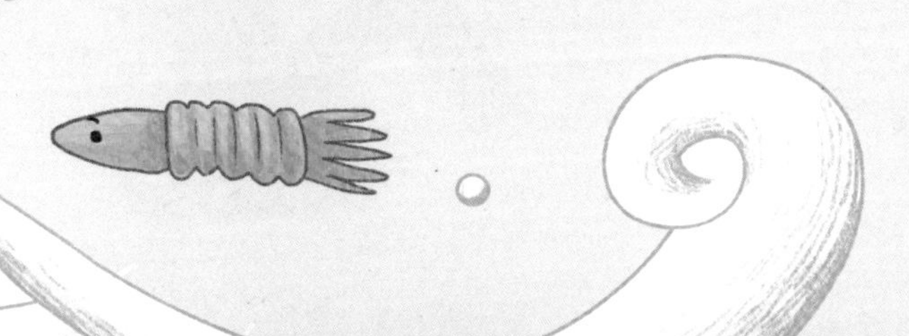

“什么‘势不两立的水’？”吉姆和罗斯一起看向莉莎，“听起来很有趣哦！”

“是很有趣！”莉莎把吉姆和罗斯的手握在一起，说，“大家重新做好朋友，我们一起玩‘势不两立的水’，好不好？”

“这……”吉姆看看罗斯，罗斯看看吉姆，两个人的脸都红了。

“我们重归于好吧！”吉姆和罗斯异口同声，“刚才我有不对的地方，请多多包涵！”

“嘿嘿！”莉莎见他们这么快就和好了，很高兴，便拉着他们的手走向厨房，说，“让我们来玩‘势不两立的水’吧！”

材料

透明玻璃杯　盐
酱油　硬纸板

步骤1 给2只杯子加满自来水后，在其中1只杯子里倒入大量的盐，在另外1只杯子里加入少量酱油。

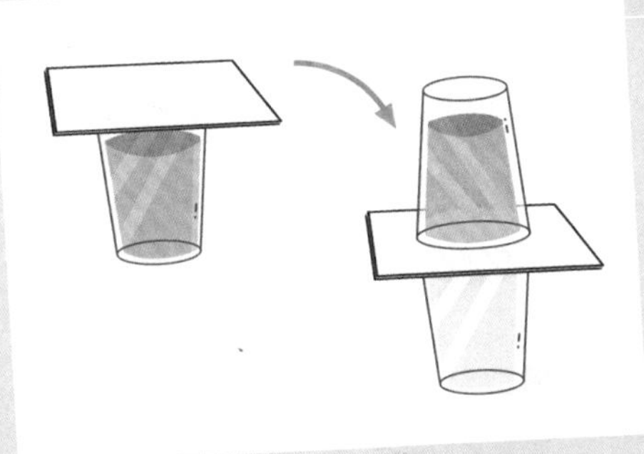

步骤2 在加入酱油的杯子上面盖1块硬纸板，然后将它迅速倒扣在另外1只杯子上。

步骤3 当2只杯子口对口对齐后，轻轻拉出硬纸板。

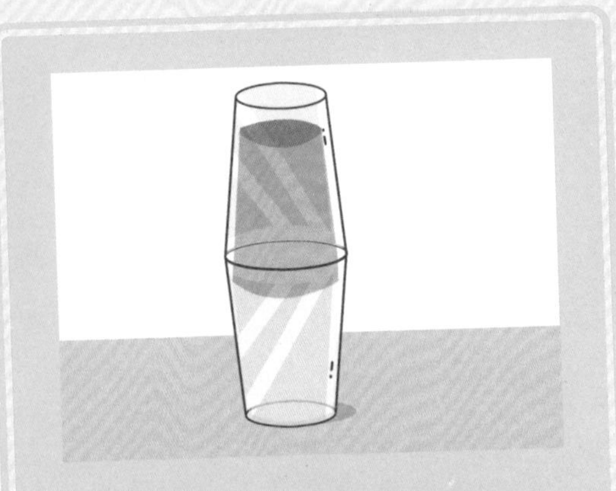

步骤4 观察：上面的酱油与水的混合物和下面的盐水并没有混合在一起，在它们之间似乎有一道分界线哦。

小原理：

这两种水之所以会“势不两立”是因为它们的**密度不一样**。盐水的密度比加入酱油的水的密度大，因此，加入酱油的水能够浮在盐水上面，不会混合。

思考

如果我们将杯子颠倒一下呢？让浓盐水在上面，酱油在下面，会发生什么情况呢？

今天是休息日，莉莎和吉姆结伴到步行街逛街。

“吉姆，吉姆，你看，好可爱的**小白兔**哦！”突然，莉莎指着路边的宠物店大叫，“哇哦，好可爱哦！”

莉莎冲到店门口，俯下身去看笼子里一只只雪白可爱的小兔子。

“莉莎，走啦！我们去前面的**玩具枪**店铺看看吧！”吉姆对小白兔毫无兴趣，指着不远处的商店，说，“虽然我的钱不够，但能免费试玩也很过瘾哦！”

“吉姆，你这家伙就知道买枪！你已经有十多把不同型号的枪了，还要买吗？”莉莎抬起头看着吉姆。

“嘿嘿！我喜欢枪是因为我是男生！”吉姆拉着莉莎的手，“走吧，别看了！小白兔养起来很麻烦，你要喂它吃饭、喝水，还要替它打扫粪便！哇，兔子的粪便可臭了！”

“好吧！”莉莎点点头，跟着吉姆向玩具枪店铺走去。

“嘿！要买**气球**吗？”突然，一个男孩抓着一束氢气球走过来，“买一个气球，再送你一个气球哦！”

“是吗？”莉莎摸了摸口袋，掏出几枚硬币，“买一个红色气球！”

“给！”男孩递给莉莎一个气球，然后又拿出一个蓝色气球递给吉姆，“接着！”

“NO！ NO！ NO！”吉姆摇摇头，“女生才喜欢玩气球！”

“吉姆，”莉莎突然眼珠一转，想到什么似的，说，“吉姆，你收下气球吧！一会儿回到家，我们**让气球‘长’两只耳朵！**”

“让气球长两只耳朵？”吉姆一边疑惑地接过气球，一边问莉莎，“怎么长出耳朵？”

“别急，回到家你就知道了！”莉莎说着，指着前面的玩具枪店铺，说，“你不是要玩枪吗？我们先去玩吧！”

“如果你能让气球长出两只耳朵，我宁可不玩枪了！走，莉莎，我们现在就回家吧！”吉姆迫不及待地催促莉莎，“走吧，走吧！”

“好好好！”莉莎点点头，“想不到你这么心急！嘿嘿！”

很快，莉莎和吉姆回到家中。

他们到底如何让**“气球长出耳朵”**呢？大家一起来看看吧！

材料

气球

一次性纸杯

步骤1 往气球里吹气，等气球膨胀到一半大小时，停止吹气。用手捏紧气球口，不要让它漏气。

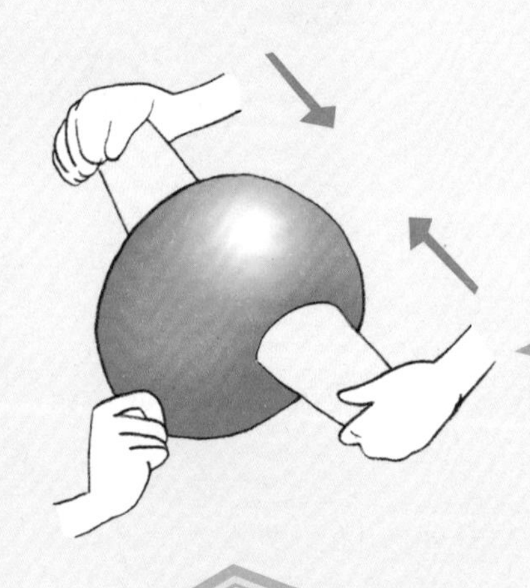

步骤2 让同学帮忙，把2个一次性纸杯稍微用点力扣在气球的两侧，并用手扶住纸杯。

步骤3 继续向气球吹气。气球逐渐变大，当大到不能再大的时候，让帮忙的同学慢慢松开手。

步骤4 扎紧气球口。呵呵，纸杯竟然牢牢地粘在气球上了，就像气球长了2只耳朵，使劲摇晃气球，纸杯也不会掉下来。

小原理：

纸杯刚扣到气球上时，由于气球没被吹足气，表面还比较软，有弹性，气球压进杯子里的部分比较深。随着我们不断向气球吹气，气球逐渐胀大，占据纸杯内的空间也逐渐变大，杯子内的空气压力随之越来越小，最后，纸杯便在大气压的帮助下，牢牢地压在气球表面。

热胀冷缩的威力

夏日里一个**热辣辣**的中午，吉姆和莉莎去冷饮店买冰激凌。

当他们一人拿着一支冰激凌，边吃边走时，听到路边传来粗重的喘气声。

呼哧！呼哧！

一位老爷爷正吃力地给自行车打气。

“莉莎，我们去帮帮老爷爷吧！”吉姆提议。

“好！”莉莎点点头，跟在吉姆身后走向老爷爷。

“让我们来帮您吧！”

吉姆把手里的冰激凌全部吞进肚子，冰得他直做鬼脸。

“谢谢，谢谢！”老爷爷擦着额头上的汗，

说，“这天气真热！”

吉姆和莉莎轮流给车胎打气，车胎慢慢鼓起来了。

老爷爷伸手捏了捏车胎说：“够了，够了，现在天气热，车胎的气不能打得太足，否则，热胀冷缩会让车胎**爆炸**的！”

“啊！**热胀**冷缩这么恐怖呀！”吉姆吐吐舌头，看向莉莎。

“是呀，”莉莎点点头，对吉姆说，“热胀冷缩是物体的一种基本性质。物体在一般情况下，保持受热以后膨胀、遇冷以后缩小的性质。你知道吗，所有物体都具有这种性质呢。”

“哦……”吉姆点点头，好奇地

问莉莎，“有什么好玩的实验能见识这种性质吗？”

“走吧！回去之后我带你做一个有趣的实验，让你看看**热胀冷缩的威力！**”莉莎说完，又补充一句，“不要被这种威力吓坏哦！”

“哇哦，有这么惊险吗？我好期待！”吉姆冲老爷爷挥挥手，“拜拜！我们现在去做实验喽！”

说完，吉姆率先向家中跑去。

“唉，这个吉姆真是太喜欢做实验了！”莉莎看着吉姆的背影，喃喃地说。

材料

空易拉罐　开水　冰水

盆　橡皮泥

步骤1 将空易拉罐开口向上放在盆中。

步骤2 将开水小心倒入易拉罐中，注意，倒入半罐即可。

步骤3 过30秒后，把易拉罐中的开水倒掉，用橡皮泥将开口处封严实，不能漏气。注意：这一步最好戴上手套操作，以免手被易拉罐烫伤。

步骤4 用冰水浇易拉罐。哇！易拉罐瞬间瘪下去了，好像有只无形的大手把它压瘪了一样。

小原理：

倒出易拉罐中的热水并封闭罐口时，易拉罐内存有**热空气**，它们使易拉罐内部的气压与外部气压保持一致，即内、外气压**平衡**，此时罐体保持常态，不变形。但是，用冰水突然浇易拉罐时，罐内的气体**温度骤降**，气体体积猛然**收缩**，导致罐内气压下降，内、外压力不平衡，易拉罐外的**大气压**就在瞬间将易拉罐压瘪了。（注意：步骤 3 中说倒出热水并封口，不封口是没有用的！）

可以过滤污水的纸巾

莉莎拿着**两只一次性纸杯**走进教室。

“莉莎，你拿着杯子干什么？是不是要做好玩的实验？”吉姆从座位上站起来问。

“今天的实验是——可以过滤污水的纸巾！”莉莎说完冲吉姆和其他同学神秘地笑了笑。

“纸巾怎么过滤污水？”莉莎的话惹得教室里的同学一阵好奇，大家忍不住围了上去。

“莉莎，你开什么玩笑，纸巾不被污水弄脏就算走运了，它怎么能过滤污水呢？”

“是呀，莉莎是不是在吹牛？”

“喂，莉莎，你是不是在故弄玄虚？”吉姆拉着莉

莎的胳膊，说，“如果实验失败，我要罚你哦！对了，总是我洗碗，如果今天的实验失败，罚你回家洗碗！不，罚你连续洗三天！”

“哈哈！吉姆，你这么讨厌洗碗吗？”莉莎看向吉姆，“如果我的实验成功，你是不是自罚洗碗三天？”

“啊哦……”吉姆吐吐舌头，不再吭声。他觉得莉莎比自己聪明，虽然他心里不愿意承认，可是每次打赌，莉莎都会赢。

“莉莎，如果实验失败，罚你给每个人买一块巧克力！”一个女生尖叫。

“好！好！”周围的同学纷纷点头。吉姆捂着嘴巴笑起来，嘻嘻，希望今天能吃到巧克力哦！

“好，下面请大家和我一起准备实验材料吧！”莉莎信心百倍地冲大家喊，“我保证让大家看到‘可以过滤污水的纸巾’！”

一次性纸杯　纸巾

少量泥土　筷子

步骤1 将1只纸杯装满自来水，加入泥土，用筷子搅拌成泥水。

步骤2 把另外1只纸杯摆放在一侧。

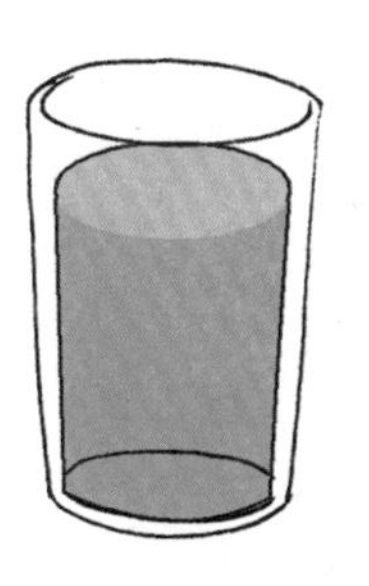

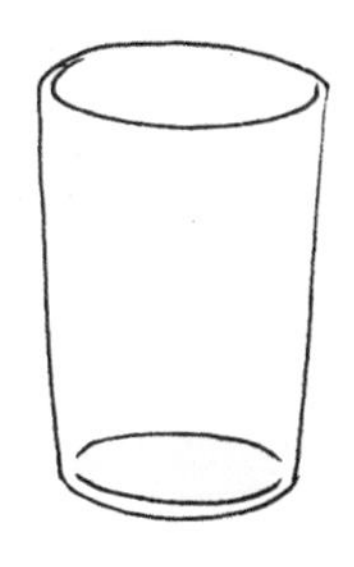

步骤3 在泥水杯和空纸杯之间，用纸巾连接起来，即把纸巾的一端浸泡在泥水中，把另外一端放入空纸杯。

小原理：

实验中，水慢慢通过纸巾中的**纤维**，渗透到空杯子中，这种现象叫**“毛细现象”**。由于纸巾纤维只把水渗透到空杯中，而泥土是不会渗透的，于是我们就看见了“可以过滤污水的纸巾”。

步骤4 观察和等待。2小时后，你会发现，纸巾已经湿透，在空纸杯中出现了干净的清水。

这个办法也可以在野外用哦，如果你迷路，一时又找不到干净的水源，可以试试这个办法。

思考和观察

生活中有很多**“毛细现象”**，如：**灯芯会吸油、植物的茎会吸水**等。想想，还有哪些现象是“毛细现象”呢？

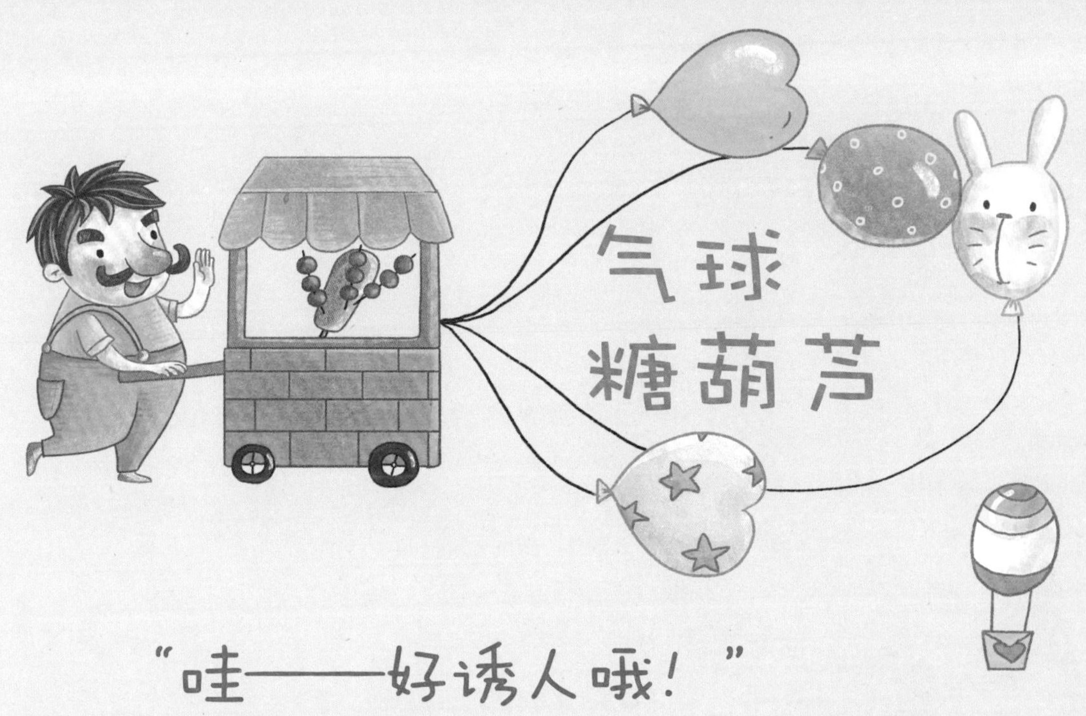

“哇——好诱人哦！”

一出校门，吉姆就迈不开步子了。为什么呢？顺着吉姆的目光看过去，原来路边有一位小贩正在卖**糖葫芦**。

“吉姆，怎么还不回家？站在这发什么愣？”莉莎从后面走上来拍拍吉姆的肩膀。

“莉莎，我的零用钱用完了……你……能不能……”吉姆看着莉莎，脸涨得通红。可是当他的视线回到糖葫芦上之后，他决定彻底抛弃男子汉的面子，于是死皮赖脸地拉住莉莎，说：“莉莎，请我吃糖葫芦吧，求你，求你！”

“唉……你这个家伙，整天就知道吃！”莉莎无可奈何地掏出口袋里的零

用钱，“今天请你吃糖葫芦，明天可不要再让我请你吃其他东西哦！”

“一言为定啦！”吉姆接过零用钱，兴冲冲地跑去买了三串糖葫芦。

“哇，你怎么买三串糖葫芦？”莉莎不解地问。

“嘻嘻！”吉姆狡猾地笑笑，“你吃一串，我吃两串，哈哈！”说完，吉姆大口大口地吃起了糖葫芦。

“服了你啦！”莉莎摇摇头，和吉姆并肩向家中走去。

“糖葫芦真好吃，真甜！”吉姆吃着糖葫芦，心里美滋滋的。

“吉姆，你今天吃了糖葫芦，待会儿回家，我要让你看‘气球糖葫芦’！”莉莎说。

“嗯？‘气球糖葫芦’？”吉姆停下脚步想了想，大笑起来，“莉莎，别蒙我了！气球怎么可能变成糖葫芦呢？气球只要碰到尖锐的东西，就会立刻爆炸！你说让我看‘气球糖葫芦’，我是怎么都不会相信的！”

“是吗？”莉莎看着吉姆，“如果我做出‘气球糖葫芦’，你是不是……”

“是什么？”吉姆瞪着莉莎，“哇，你不会又要我洗碗吧？

拜托，今天你做‘气球糖葫芦’，我在一边看热闹，但是，我坚决不帮你洗碗！”

“哈哈！”莉莎大笑起来，“今天我不要你帮我洗碗，你就——替我倒垃圾吧！”

“讨厌的莉莎！”吉姆大声抗议，“垃圾好臭哦！”

“**哈哈！**”莉莎指着吉姆的脚丫子说，“再臭也没有你的脚丫子臭！”

“我……”吉姆郁闷地耷拉下脑袋，“我怎么每次都说不过你？唉……你们女生就是牙尖齿利！”

材料

竹毛线针　气球　胶带纸

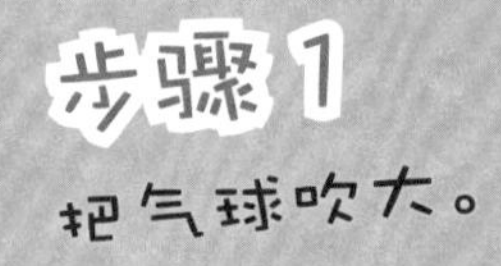

步骤1

把气球吹大。

步骤2 剪下2块胶带纸，分别贴在气球对称的两侧表面。

步骤3 待竹毛线针的尖端磨锐利后，将它从贴了胶带纸的位置刺过去。

步骤4 然后，从另一侧贴胶带纸的地方刺穿气球。

重复以上步骤，可以在一根竹毛线针上穿上好几只气球。这些刺不破的气球，看起来好像一串“糖葫芦”。

小原理：

在气球的表面贴上胶带纸，减缓了气球被刺破时的快速**失压**。由于胶带纸能将气球表面粘住，而且胶带纸不具有**弹性**（或者说弹性非常小），刺破的小洞不会迅速拉开，爆炸。空气只会通过小孔**慢慢泄漏**，我们就拥有了**“刺不破的气球”**啦。

思考和观察

如果我们在气球上只贴一块**胶带纸**，气球会被刺破吗？如果我们把胶带纸换成一块**橡皮泥**，会不会被刺破呢？请同学们动手试试吧！可以写信把结果告诉我哦！

有趣的橙皮小船

妈妈下班后，带回一大堆金灿灿的香橙。吉姆抓起一个，大喊："我最喜欢吃香橙了，我现在就要吃一个！"

"吉姆，等莉莎回来一起吃吧！"妈妈夺下吉姆手里的香橙说，"有好东西，要与大家分享哦！"

"分享？"吉姆撇撇嘴，不高兴地走开了。可是，他并没就此罢休，等妈妈放下香橙去厨房做饭后，他悄悄靠近香橙，然后……嘿嘿，抓起一个。

吃香橙要用小刀切开，吉姆不敢进厨房拿小刀，便抓起文具盒里的小刀，用纸巾擦了擦，然后用它切开橙子……

"真甜！"吉姆一边吃香橙，一边忍不住想，趁莉莎还没回来，自己要多吃几只！

嘿，事情还真巧。吉姆刚想到莉莎，莉莎便推开门走了进来。

“哇——什么味道这么香？咦，**香橙耶！**”莉莎一眼就看见了客厅的桌子上放着一堆香橙。可是，她紧接着便看见吉姆慌乱地将**橙皮**丢进一边的垃圾桶。她说：“吉姆，你在吃香橙？”

“没……没没没！”吉姆摇摇头，“我怎么会一个人先吃呢？我正焦急地等待你回来呢！”

“是吗？”莉莎盯着吉姆看了片刻，她看到吉姆的嘴角还沾着几滴橙汁，“你嘴角是什么？”

“我……”吉姆摸了下嘴角，脸红了。

“莉莎，你回来了？今天我买了香橙，你和吉姆洗洗手，我去切香橙给你们吃！”妈妈听到动静，走出厨房，“咦，吉姆，你怎么偷吃香橙了？”

“我……”吉姆不好意思地挠挠头，“我忍不住……”

“你呀！”妈妈见吉姆这样，没有批评他，而是抓起橙子去了厨房。

“吃橙子喽！”

吉姆和莉莎围着一盘诱人的橙子吃起来。不一会儿，一盘橙子便进了他俩的肚子。

“妈妈，还有两只香橙留给爸爸吃！”吉姆指着桌上的香橙，说，“这次我坚决不偷吃了！”

“吉姆，你这么做就是乖孩子哦！”妈妈满意地点点头。

吉姆见妈妈表扬自己，心里很得意，决定再好好表现一下：“妈妈，这些橙皮我来帮您丢进垃圾桶！”说着，他抓起抹布，准备清理橙皮。

“等一等！”莉莎拦住吉姆，**“这些橙皮还有妙用哦！”**

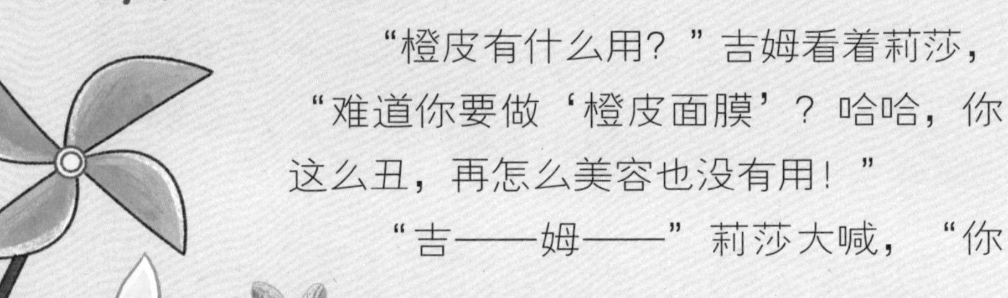

“橙皮有什么用？”吉姆看着莉莎，“难道你要做‘橙皮面膜’？哈哈，你这么丑，再怎么美容也没有用！”

“吉——姆——”莉莎大喊，“你

真讨厌！哼！本来我想让你玩‘有趣的橙皮小船’，既然你这么讨厌，我就不让你玩了！”

“啊？”吉姆张大嘴巴，充满悔意地看着莉莎，“莉莎，我错了，我错了！让我玩‘有趣的橙皮小船’吧！”

“好吧！这次原谅你！”莉莎宽容地拍拍吉姆的肩膀，说，“下次不要再惹我哦，否则我再也不教你做好玩的实验了！”

厚一些的橙子皮

稍大一些的玻璃瓶（注意：瓶盖要选择嵌入式的塑料瓶盖）

步骤1 用橙子皮造1只约3厘米长的小船，还可以用纸片做一片小帆，这样小船看起来更可爱哦。

步骤2 在大玻璃瓶中装满自来水，然后将橙皮小船放进水中。

步骤3 把玻璃瓶的瓶盖盖上，用一只手指按在瓶盖上，当你用力向下按的时候，橙皮小船就会下沉哦！

步骤4 当你松手的时候，橙皮小船就会上浮。

莉莎揭秘

当你用力向下按瓶盖或松开瓶盖的时候，橙皮小船就会在水中或降或升，非常好玩哦！

小原理：

透气的橙子皮会在水中释放出**小气泡**，这些小气泡就是控制小船沉浮的关键。当手指在瓶盖上用力向下压的时候，就会在密闭的瓶内产生压力，这个压力会使得橙皮中的小气泡**压缩**，使小船得到**下潜的力**，小船会下沉。反之，当你松开瓶盖的时候，气泡**扩张**，小船得到**上浮的力**，自然就浮起来啦。

实验扩展和思考

如果我们用一个带盖的小瓶子替代橙皮小船，做一个“**瓶中瓶**”的实验，会得到什么样的结果呢？带盖的小瓶子还会在水里**浮起**或**沉没**吗？

把你的实验结果写信告诉我们吧！

停下脚步的红墨水

“莉莎，我的钢笔没有墨水了，可以借我一些墨水吗？”吉姆举着一支钢笔走进莉莎的房间。

“给！”莉莎顺手从抽屉里拿出一瓶墨水递给吉姆，“用完送回来哦！”说完，她继续看手里的书。

“Thanks（谢谢）。”

吉姆拿着墨水瓶走出莉莎的房间。几分钟后，吉姆尖叫着跑回莉莎的房间，“莉莎，莉莎！”

“怎么了？”莉莎放下手里的书，看向吉姆，“又怎么了？”

“怎么了？”吉姆把墨水瓶递到莉莎面前，“你看看你给我的是什么颜色的墨水？”

“呀！”莉莎这才看清楚，刚才自己拿了一瓶红墨水给吉姆，“抱歉，抱歉！我刚才拿错了！”

莉莎换了一瓶黑色的墨水递给吉姆。

“讨厌，讨厌，真讨厌！”吉姆冲莉莎扮了个

鬼脸，“幸亏我及时发现，不然吸入红墨水，一定会弄坏我最喜欢的钢笔哦！”

“呵呵！”莉莎冲吉姆笑笑，“等你写好作业，我教你做一个好玩的实验，好不好？”

“实验？什么实验？”

“吉姆，你说，如果把一滴红墨水滴到水里，结果会怎么样？”莉莎问。

“这还要问吗？当然是红墨水**在水里迅速扩散**，然后一杯水都变成红红的啦！”吉姆回答。

“你知道吗？我可以让**红墨水在水里停下‘脚步’**，绝对不扩散哦！”莉莎说到这神秘地眨眨眼，“想见识一下吗？快去写你的作业吧！”

材料

玻璃杯

食用糖

红墨水

步骤 1 将 2 只杯子装满自来水，在其中 1 只杯子中加入食用糖，使水变成浓糖水。

步骤 2

分别在 2 只玻璃杯中滴入 1 滴红墨水。

步骤 3 观察：清水杯中的红墨水会很快扩散。

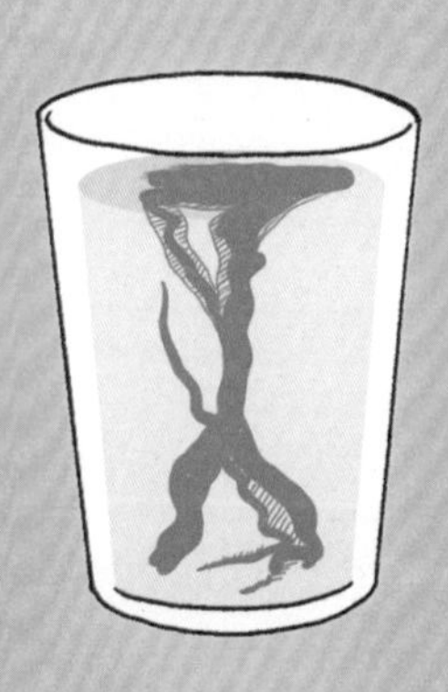

步骤4 观察：
浓糖水中的红墨水会浮在水面片刻，再慢慢扩散。

小原理：

墨水就是带颜色的水，它的**密度和自来水差不多**，所以红墨水滴入自来水中，会迅速在自来水中扩散。而**浓糖水的密度比较大**，红墨水滴入后，会暂时浮在水面，需要等待片刻才会扩散。

莉莎揭秘

实验扩展和思考

如果我们将**浓糖水**改为**浓盐水**会得到什么样的结果呢？欢迎大家写信告诉我们实验结果哦！

眼睛的秘密

今天上午有一节科学实验课。

可是，上课铃响了好久，也没看见科学老师的身影。

“奇怪，今天老师怎么不来上课？”吉姆忍不住伸长脖子，向教室外张望。

“老师是不是忘记上课了？”一个女同学歪着脑袋猜测。

“不会吧？老师怎么会忘记上课呢？肯定是有什么事情……”一个男同学皱着眉头说。

“来了，来了！”吉姆突然指着门外大喊，“老师来了！”

可是，当见到出现在教室门口的人时，所有人的脑

袋里都冒出了一个大大的**问号**。奇怪，为什么来的不是科学老师，而是班主任呢？

“同学们，刚才科学老师不小心扭伤了脚。现在她去医院了，所以这节课……”班主任的目光扫过教室里的同学，突然，老师的眼睛一亮，“莉莎，你能临时当一回**科学老师**吗？”

“**我？**”莉莎站起来，“可是我今天没准备哦！”

“莉莎，开动脑筋想想吧！难道你要大家把科学实验课变成自习课？”班主任走到莉莎面前，“也许你可以带领大家做一个有趣的实

验！”

“OK！”莉莎点点头，“那就做一个实验吧！”

“耶——”吉姆听说莉莎要带领大家做实验，第一个表示赞成。

“好！太好了！希望莉莎带给我们一项奇妙的实验！”

莉莎走到讲台边，瞪大眼睛，说：“各位同学，我们都习惯用两只眼睛学习和生活，今天我们就来做一个和眼睛有关的实验。”

“眼睛？”大家一片茫然，“好奇怪的实验哦！”

“如果你的一只眼睛受伤或生病，你知道会给生活带来怎样的不便吗？”莉莎说着，闭上一只眼睛，“请大家跟着我做实验吧！”

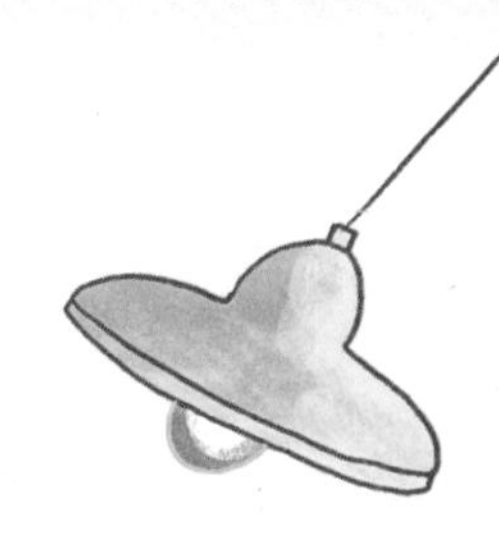

材料

纽扣　杯子

步骤1　让2名同学在桌子边相对而坐，在他们之间摆放1只杯子。

步骤2　让1名同学拿着1枚纽扣把手悬在杯子上方，丢下纽扣，纽扣要一次命中杯子。另一名同学观察。

步骤3　现在让那名丢纽扣的同学捂上一只眼睛，重复刚才的实验。

步骤4 观察：纽扣竟然没有掉入杯子里。反复做几次你会发现，随着次数的增加，命中率会慢慢提高。

莉莎揭秘

小原理：

人类已经习惯用两只眼睛看东西，如果突然改用一只眼睛看东西，人脑就会对方位的判断产生偏差，所以纽扣就不容易被丢进杯子里。如果长时间用一只眼睛看东西，大脑慢慢适应了一只眼睛的视觉，命中率就会提高。

知识拓展

眼睛是人类感观中最重要的器官，大脑中大约有80%的知识和记忆都是通过眼睛获取的。眼睛能辨别物体的颜色、形状等，能将视觉形象转化成神经信号，传送给大脑。视觉对人很重要，所以我们要保护好自己的眼睛，不要过度看电视、玩电脑或在光线不好的地方看书。

力大无穷的纸

今天是星期三，老师布置的作业特别少。吉姆只花了一点点时间，便顺利完成了作业。

“哇，今天可以痛快地看电视了！”吉姆抓起一包爆米花，坐到沙发上，打开电视机看起来。

“吉姆，你在看什么？”莉莎走进客厅问。

“我在看科学节目。”吉姆指着电视屏幕说，“现在全世界都在宣传‘低碳生活’，今天的科学节目是说‘珍贵的纸张’。”

“吉姆，我和你一起看电视！”莉莎冲吉姆笑笑，然后在他身边坐下，一起看起电视来。

“纸是我国古代的四大发明之一，它与指南

针、火药、印刷术一起，为我国古代文化的繁荣提供了物质基础。纸的发明结束了简牍记录繁杂不便的历史，大大地促进了文化的传播与发展……”

电视节目结束了。

莉莎关上电视。吉姆看着她，说：“想不到薄薄的纸有这么多的知识呢！”

“是的！”莉莎点点头，“我们平时造纸需要经过制浆和造纸两个基本生产环节。制浆就是用机械的方法、化学的方法或者两者相结合的方法把植物纤维原料变成本色纸浆或漂白纸浆。造纸则是把悬浮在水中的纸浆纤维经过各种加工，做成符合各种要求的纸。”

“莉莎，你的知识真丰富！”吉姆冲莉莎竖起大拇指，“想不到纸竟然来得这么不容易，我以后一定会爱惜纸，不浪费纸！”

“纸是我们生活中必不可少的东西！”莉莎说到这，站起来，“吉姆，我突然想

到一个好玩的实验，我们动手做一做吧！”

“什么实验？”吉姆一听，顿时来了兴致。

“让你看看‘力大无穷的纸’！”莉莎说着催促吉姆，“嘻嘻，你快帮我准备实验材料吧！”

“‘力大无穷的纸’？听起来似乎很好玩！”吉姆被莉莎说得心里直痒痒，他迅速站起来，“好，我现在就帮你准备材料，需要什么，尽管吩咐！”

A4 纸

玻璃杯

步骤 1 将 2 只杯子摆放在一条线上，中间保留一段距离。

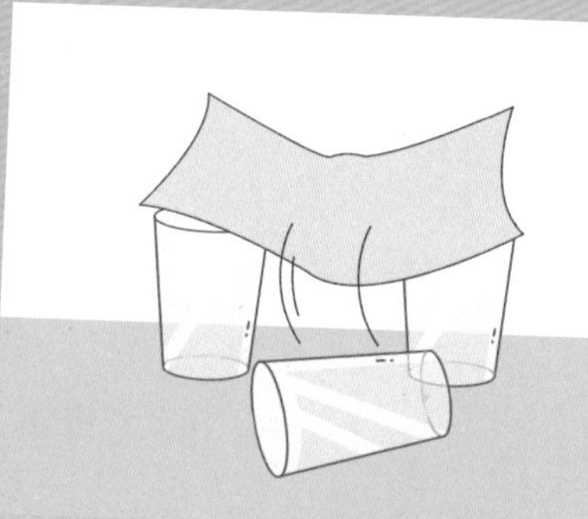

步骤 2 将 1 张 A4 纸架在杯子上。试试看：你能把第 3 只玻璃杯摆放在纸上吗？结果：杯子立即掉落下来。

步骤 3 现在，我们将纸张折叠成“手风琴”状，重新将它架在 2 只杯子上。

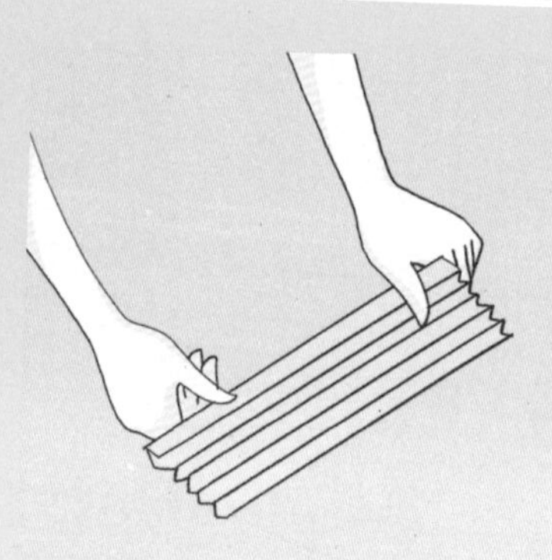

步骤4 这一次，再将第3只杯子摆放在“手风琴”状的纸上，结果怎么样呢？哈哈，杯子稳稳“站”在纸上了。

小原理：

纸张经过**折叠**后，比平面的纸张具有**更大的承载力**。这种承载力可以令原本无法承载玻璃杯的纸张变得“**强大**”起来，所以折叠后的纸张能轻易地将玻璃杯托起。

实验拓展

读者们，你知道还有哪些**折叠**的方式，可以令纸张**承载力变得更强**吗？

家里出彩虹

这是暑假里的一天。

虽然现在是清晨，但让人感到**酷热**难耐。

“一辆小车从甲地开往乙地……”书桌边，吉姆正乖乖地写着暑假作业。他一边审题，一边想着解题方法。很快，第一道题顺利答出。

你以为吉姆每天都这么乖地写作业吗？

NO！

今天吉姆之所以这么乖，是因为昨天晚上妈妈说：“如果吉姆按时完成暑假作业，坚持一周，我便奖励他三张游泳票。”

吉姆为了得到这**三张游泳票**，今天一早便趴在书桌上写作业。

写啊，写啊，吉姆写完了今天的数学暑假作业，又翻开语文暑假作业本写起来。

抄生词、读拼音、写汉字……很快，吉

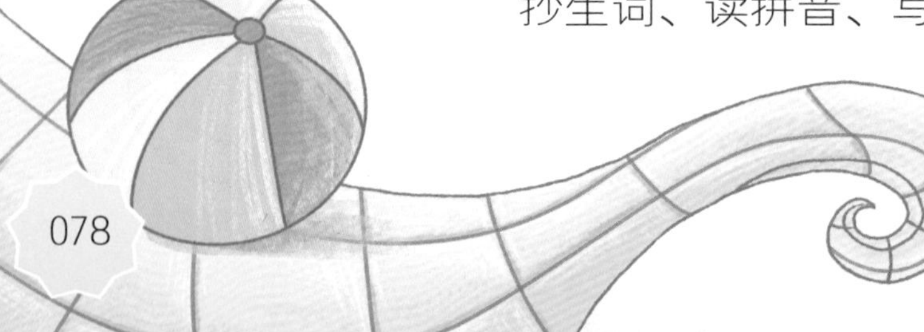

姆又完成了语文暑假作业。

“哇——我写好了！”吉姆搁下笔，伸了个懒腰。突然，一道刺眼的光从屋里的某个角落射到吉姆的眼睛里。

“好刺眼！”吉姆忍不住叫起来，“是什么这么刺眼？”

“嘻嘻！”光源处传来莉莎的笑声。

“好啊！”吉姆站起来揉揉眼睛，发现莉莎手里抓着一面小镜子，刚才的光正是她用镜子反射到自己的眼睛里的。

“莉莎——”吉姆叫着，冲过去夺过莉莎手里的镜子，“让我玩玩！”

吉姆抓着镜子，稍微调整一下角度，将太阳光反射进厨房。妈妈正在那里榨果汁。

“呀——”光“刺”到妈妈的眼睛，妈妈忍不住叫起来。

“哈哈！”吉姆见妈妈被“刺”到了，忍不住大笑起来，“真好玩！

真好玩！”

“吉——姆——”妈妈拖长嗓音喊，“你是不是不想要游泳票了？”

“妈妈！”吉姆一听妈妈这么说，顿时急得跳起来，“我要，我要，我当然要！”他丢下手里的小镜子，把刚刚写完的作业本递给妈妈，“您看，我已经完成了今天的暑假作业哦！”

“好！”妈妈看着作业本露出了笑容，“再坚持六天，我一定送你三张游泳票！”

“谢谢妈妈！”吉姆高兴地笑起来。

“莉莎，镜子还给你！”吉姆把镜子递给莉莎，“以后不要再用镜子‘刺’人的眼睛了，你这样很不好哦！再说，这种小孩玩的游戏已经不适合你啦！”

“哈哈！”莉莎听了吉姆的话，忍不住大笑，“吉姆，如果你觉得这种游戏太幼稚，我可以教你玩点高级的！”

“什么高级的？快说！”吉姆的好奇心被勾起来了。

“你知道太阳光是由几种颜色组成的吗？”莉莎问。

“这谁不知道，红、橙、黄、绿、青、蓝、紫，七种颜色呗！”

“不错。但是我们通常看见它们总是混合在一起，你想不想把它们分开看一看？”莉莎问。

“你是说看**阳光中的七种颜色**？我倒是想看看，可是怎么看呢？”吉姆歪着头看着莉莎，“你有什么办法？”

“让家里出现**彩虹**，不就看见太阳光的七种颜色了吗？”莉莎说着，冲吉姆招招手，“来吧，跟我去准备些实验材料！”

材料

外壁光滑的透明玻璃杯

白纸　明信片

透明胶　裁纸刀

步骤 1　把白纸平铺在窗前（放在地面、桌面、窗台上都行）的阳光下。将玻璃杯装满清水放在白纸上。

步骤 2　在明信片中心位置裁出一条宽 1 厘米、长 8 厘米左右的细缝。

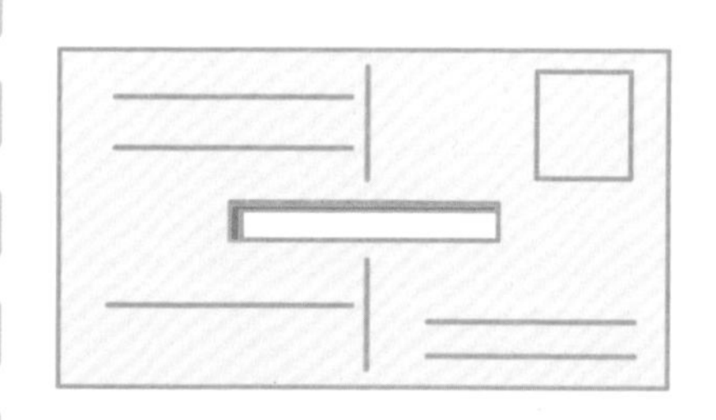

步骤 3　用透明胶把明信片竖着贴在玻璃杯外壁上，让窗外的阳光只能从细缝射入，且穿过玻璃杯折射到白纸上。

步骤4 转动玻璃杯，调整细缝的位置。哇！白纸上出现红、橙、黄、绿、青、蓝、紫7种颜色的光了，非常漂亮！

小原理：

我们知道阳光是由7种颜色的光组成的，一般情况下，它们混合在一起。这个实验，首先，只让一部分太阳光透过明信片的细缝射进来；其次，借助玻璃杯和杯中水对这些光进行折射，因为不同颜色的光的折射率不同，所以这些颜色就被分离出来了。

光沿着直线传播

“早睡早起身体好！”莉莎站在阳台上，伸了个懒腰，然后开始做早操。

“左三圈，右三圈，脖子扭扭，屁股扭扭……”

“扭来扭去，还是丑八怪！”

突然，莉莎的身后传来一个阴阳怪气的声音——不用说，这个人是吉姆。

“吉姆——”莉莎扭过头狠狠瞪了吉姆一眼，“你不要惹我哦！”

“好好，我不惹你！”吉姆转过身进了房间。

奇怪，平时吉姆总要和自己斗斗嘴才罢休，今天怎么这么听话？莉莎狐疑地看着吉姆的背

影，暗暗思忖。到底是为什么？莉莎不再做操，悄悄跟着吉姆走了进去……

嗯？什么味道？一进屋，莉莎就闻到香喷喷的**肉包子味道**！莉莎明白了，顿时大叫起来：“吉姆，妈妈买了肉包子，你为什么不告诉我？”

“嘿嘿，你不是要做操吗？”吉姆抓起一个肉包子，用力咬下去，“我以为你不爱吃肉包子呢！”

“可恶！”莉莎走到桌边，也抓起一个肉包子，“谁不爱吃肉包子？”她也咬了一口，顿时一股肉香扑鼻而来，“真好吃！”

吉姆和莉莎抓着肉包子吃着，吃得两个人脸上都露出了幸福的笑容。

一道金色的阳光射进屋里，吉姆眯起眼睛，说：“今天的天气真好！莉莎，一会儿我们去哪玩？”

“玩？”莉莎想了想，说，“吉

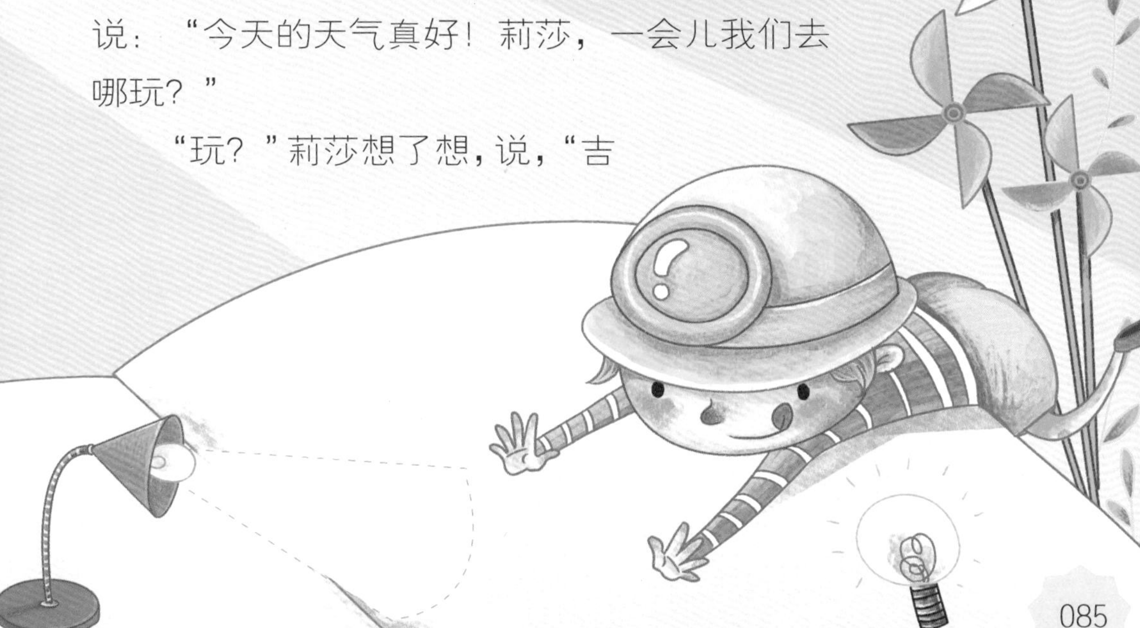

姆，你知道**光在空气中是沿直线传播**的吗？”

“当然知道啊！”吉姆点点头，指着屋里的阳光说，“瞧，这不就是直射进屋的光吗？”

“吃完包子，你有兴趣和我玩玩‘光线’吗？”

“哇！**玩‘光线’？**听起来似乎很有意思！”吉姆拉住莉莎的手问，“需要我准备什么材料？请吩咐，请尽管吩咐！”

“吉姆——”莉莎大叫，“松开你**油腻腻**的手，好脏呀！”

“哈哈！”吉姆见莉莎的手背沾满油渍，得意地笑起来。

稍微硬一些的纸　橡皮泥

毛线　手电筒　锥子

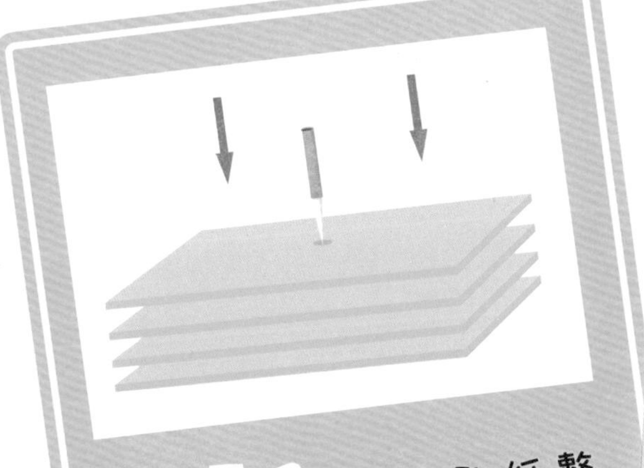

步骤1　把4张纸整齐地叠在一起，然后用锥子在中间刺一个洞。

步骤2　将毛线从洞中穿过，然后用橡皮泥把纸竖着固定在桌子上（纸张间隔3~4厘米）。

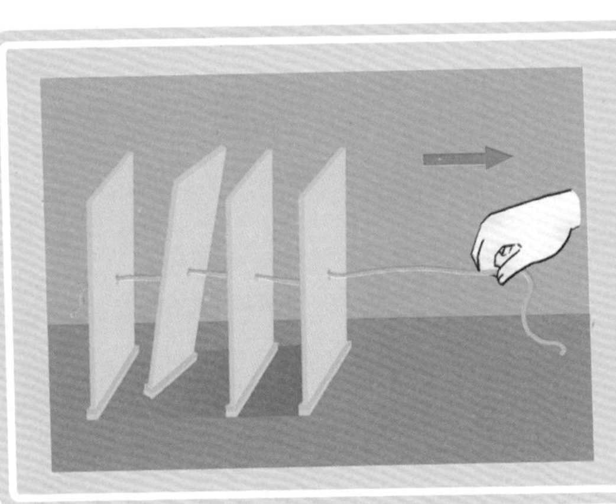

步骤3

将绳子抽走。

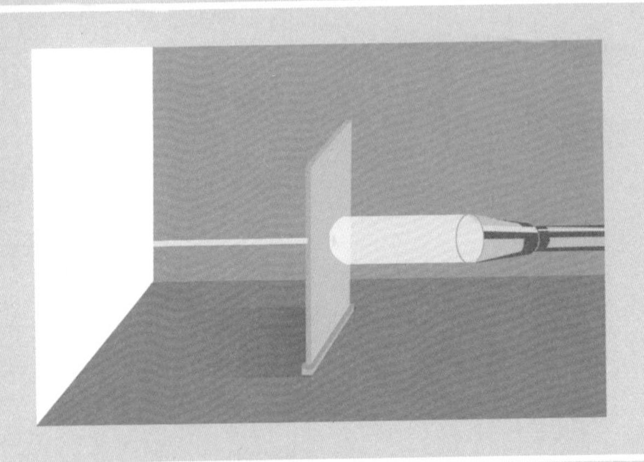

步骤4 用手电筒照小孔，你会发现光能通过这4张纸，射到后面的墙壁上。可是稍微动一下中间的纸，墙壁上的光就不见了。

莉莎揭秘

小原理：

光线在空气中一般是沿直线传播的。手电筒的光通过纸上排成一条直线的**小孔**射到墙上，你移动其中一张纸后，小孔就不在一条直线上了，光线就无法穿过，这证明了，光在空气中一般是沿**直线传播**的。

实验拓展

有没有什么方法能改变**光线的传播路径**？提醒你哦，光线有**折射、反射**的特性，你能通过**镜子、水面**来改变光线的传播路径吗？动手做一做吧！记得写信告诉我们你的实验结果哦！

拉不开的书本

今天学校大扫除。吉姆和莉莎被老师派到图书馆打扫卫生。

“咳咳咳……”图书馆书架顶上是一个卫生死角，吉姆一擦，顿时扬起很多灰尘，呛得他一阵咳嗽，“莉莎，这里脏死了！”

“是呀！”莉莎找来一张旧报纸，折成一顶帽子，戴在头上，“我们抓紧时间打扫吧！”

“嗯嗯！”吉姆学着莉莎的样子，也折了一顶帽子戴在头上。

莉莎和吉姆一会儿擦书架上的灰尘，一会儿扫地，一会儿清理垃圾……忙得不亦

乐乎。

“嘿！”突然，门口传来一个男生的声音。吉姆和莉莎看过去，原来是同学阿丁。

“阿丁，你是来帮忙的吗？”吉姆高兴地跳起来，“我发现书架上的很多书没有按类别摆放，我们好好把书归一归类吧！”

“OK！”阿丁点点头，“吉姆，想不到你做事这么认真！”

“嘻嘻！”吉姆被同学表扬，心里很开心，“图书馆的书如果摆放在合适的位置，同学们找书的时候就更容易找到！比如这本《动物大全》应该放在百科知识类的书架上，而这本《童话世界》则应该放在童话类的书架上……”吉姆一边说，一边将书架上的书**重新归类**。

“值得表扬！”莉莎冲吉姆竖起大拇指，“吉姆，你今天表现这么好，我要奖励你！”

“奖励什么？”吉姆看着莉莎，“是不是把你的零用钱分我一半？”

“哼！”莉莎摇摇头，从书架上抓

起两本厚厚的书，问吉姆，“如果**不用胶水**，也**不用绳子**，你能让两本书紧紧连在一起，无论怎么用力拉，都**无法拉开**吗？”

“莉莎，你这个难题我可不会解决！”吉姆看向阿丁，“你有办法吗？”

“哈哈，我可没有什么超能力！”阿丁看向莉莎，“莉莎，你就别卖关子了，快点揭开谜底吧！”

“嘿嘿！”莉莎冲他们笑笑，说，“我来教你们做一个好玩的实验——‘**拉不开的书本**’！”说着，莉莎便开始示范起来……

厚书

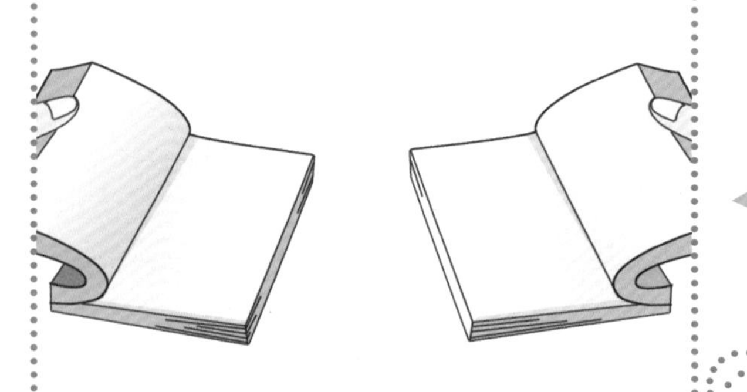

步骤1 把2本书的开口处相对，靠近。

步骤2 将1本书的页面掀起，和另外1本的页面交叉相叠。

步骤3 轮流将2本书的页面依次交叉叠在一起，保证每页都交叉相叠。

步骤4 把书交叉相叠的地方拍平整，然后用力抓着书脊位置试着拉开2本书，结果是不是拉不开呢？

小原理：

这个实验结果是大气压和摩擦力结合的结果。

当两本书的页面交叉在一起后，书页之间的空气都被挤占了。用力拉两本书的瞬间，两本书中少量的空气被赶出去。于是，大气压在此刻把书压得很紧，使得书页之间的摩擦力变得很大，所以你无论如何用力，两本书也拉不开了。

知识拓展

在这个实验中，如果你用蛮力来拉，肯定很难拉开，但是，如果边抖动边向外拉扯，两本书就容易拉开了，这是为什么呢？大家好好想想吧！想到后可以把奥秘写信告诉我们哦！

不漏水的杯子

"知了——知了——"窗外，一只知了在树上大声地唱着歌。

大树下，吉姆踮着脚，手拿一根竹竿正在粘知了。知了呢，面对吉姆的威胁毫不在意，照样悠闲地唱着歌。

"可恶！"吉姆的竹竿离知了只有1厘米的距离，可是就因为这1厘米的距离，他怎么都没办法将知了逮住。

"吉姆，你在干什么？"莉莎从树下经过，好奇地看着吉姆，"你在抓知了吗？"

"莉莎，你来得正好！"吉姆把竹竿递给莉莎，"快帮我把这只知了粘住，它叫了一个中午，害得我午睡都没睡成！"

"呵呵！"莉莎接过竹竿，伸向知了。知了好像知道莉莎比吉姆高一些似的，呼地一下，飞走了。

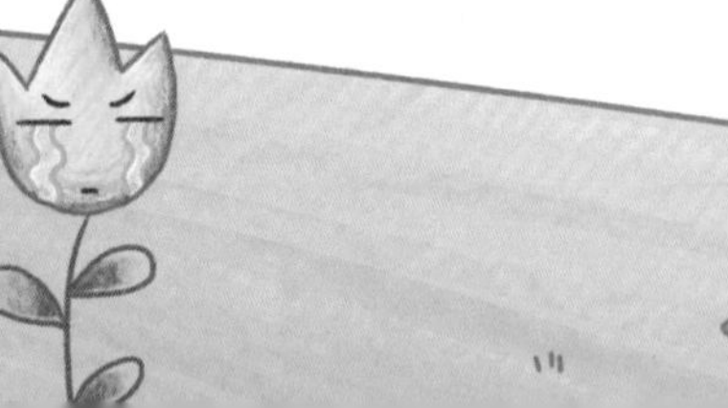

“啊哦！”莉莎叹息一声，“知了飞走了！”

“算你走运！”吉姆冲着飞走的知了挥了挥拳头，恶狠狠地说，“如果被我抓住，我一定要把你做成‘知了烤肉’！”

“这么热吃什么烤肉？走，我们回去吃雪糕！”莉莎拉着吉姆走进门。

“今天的天气太热啦！”吉姆打开冰箱，准备拿雪糕，“莉莎，你要吃香草味的雪糕，还是巧克力味的雪糕？”

“嘻嘻！我每样来一支！”莉莎坐在电风扇下，冲吉姆笑了笑。

“莉莎，你真贪吃！难道你不要减肥了？”吉姆一边开玩笑，一边把两支雪糕递给莉莎。

“哼，你才要减肥呢！”莉莎撕开雪糕的包装，美滋滋地吃起来。

“莉莎，我好无聊哦！我们能不能玩点儿什么？”吉姆可怜兮兮地看着莉莎，

“拜托哦，求你哦，带着我玩点儿什么吧？”

“吉姆，你说，杯子会不会漏水呢？”莉莎问。

“杯子？漏水？”吉姆把眼珠子转了一圈，说，“如果是坏杯子，肯定会漏水嘛！”

“哈哈，你现在回答问题越来越有水平了！”莉莎笑起来，继续问，“如果是两只完好的玻璃杯呢？”

“这个……”吉姆看着莉莎，说，“你是不是又有好玩的实验了？”

“对！”莉莎咬了一口雪糕，说，“等我吃完再教你！”

“啊——”吉姆冲到莉莎面前，夺过她手里的雪糕，说，“别吃了，别吃了！我们现在就来做实验吧！”

“吉姆——”莉莎见吉姆如此性急，只好站起来，“今天我们来做‘不漏水的杯子’的实验！”

水盆

玻璃杯

步骤1

在水盆里装满自来水。

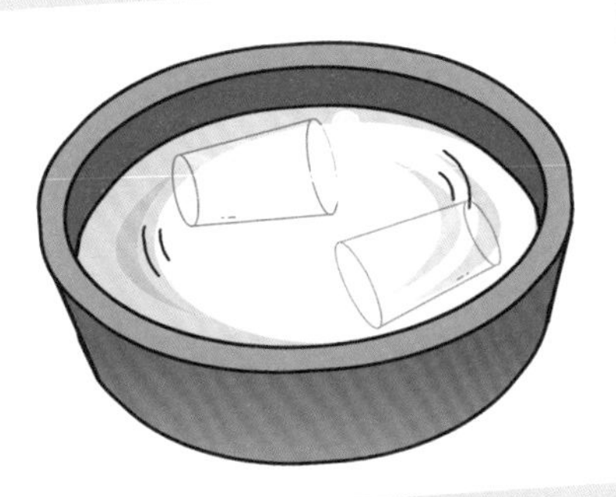

步骤2

把2只玻璃杯横着浸泡在水盆中，让水充满杯子。

步骤3

在水中将2只玻璃杯的杯口合上，然后将其迅速从水盆中取出，竖直放在桌子上。

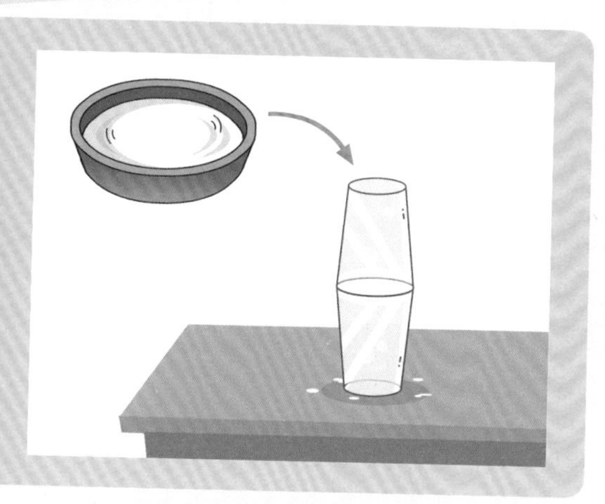

步骤4 观察：2只玻璃杯都装满了水，可是水却不会漏出来哦！

小原理：

把玻璃杯放进水盆后，原来在杯子里的**空气被赶出来**，换成了满满的水。当把它们放在桌子上后，外部的**气压**会将杯子紧紧压在一起，所以水不会漏出来。

如果杯口连接很紧密，你甚至可以抓着上面的杯子将下面的杯子“**吊**”起来呢！

猪头沉浮比赛

吃过晚饭，吉姆和莉莎坐在餐桌边，谁也不说话。

餐桌上，大碗、小碗、大碟子、小碟子、勺子、筷子……刚刚结束一场家族聚餐，用过的餐具可以堆成一座小山。对了，还有厨房里的大锅、小锅……吉姆和莉莎都不想洗碗，只好各自憋着气，看谁先说话。

“咦？你们怎么还没洗碗？”妈妈送完客人回来，看见乱七八糟的餐桌，有些不高兴地问，“今天谁负责洗碗？”

“今天……”吉姆扫了莉莎一眼，说，“莉莎，今天轮到你洗碗了吧？”

“吉姆，你真是个赖皮鬼！昨天、前天、大前天都是我洗的碗，难道今天不该你洗？”

莉莎说。

“这个……那个……”吉姆挠挠头，一脸无辜地说，“昨天、前天、大前天是莉莎洗的碗吗？我怎么记不起来？对了，你说你洗了碗，谁能证明？”

“你——”莉莎气得恨不得打吉姆一顿，可是她是优秀女生，不会做欺负男生的事情。所以，她眼睛一转，说：“你不乖乖洗碗，我就不让你看‘**猪头沉浮比赛**’！”

“‘猪头沉浮比赛’？是什么？”吉姆看着莉莎，“能透露些内容给我吗？”

“可以，但是你先得……”莉莎指了指桌上的碗。

吉姆立刻点点头说：“我懂，我懂！我先得洗碗！哼，莉莎，算你狠！这次我又败给你了！”

“嘻嘻！哈哈！”莉莎得意地笑着说，“放心，我保证一会儿的‘猪头沉浮比赛’让你满意！”

材料

纸　彩色笔　剪刀

玻璃杯　洗洁精

步骤 1 用彩色笔在纸上画 2 只猪头，并用剪刀剪下这 2 只猪头。

步骤 2 在 2 只玻璃杯中倒入自来水，并在其中 1 只玻璃杯中加入数滴洗洁精。

步骤 3 将 2 只“猪头”同时丢进玻璃杯中。

步骤4 思考：哪只杯子中的猪头先沉入水中？观察：加入洗洁精的杯子中的猪头会更快地沉入水中。

小原理：

由于**洗洁精**会**破坏**玻璃杯中水的**表面张力**，所以这只杯子中的猪头会更快地被**浸湿**，当然就会比另外一只玻璃杯中的猪头更快地沉入水中了。

知识拓展

如果我们在其中一只玻璃杯中加入的是几滴**油**，结果会如何呢？由于**油的密度较小**，会**漂浮**在水面，所以加入油的玻璃杯中的猪头会**慢**一些沉入水中。

“褪色”的陀螺

放学后，吉姆和莉莎发现邻居家的孩子阿虎正在小区里玩陀螺。

“嘿，阿虎，给我玩玩你的陀螺！”吉姆说着，冲过去一把将阿虎的陀螺抢在手里，玩起来。

“呜呜……”阿虎见自己的陀螺被吉姆抢走，顿时气得哇哇大哭。

唉，这个吉姆！

莉莎看着眼前的一切，摇摇头，说：“吉姆啊吉姆，你怎么可以欺负小朋友呢？阿虎还是幼儿园的小朋友耶！”

“嘻嘻！”吉姆玩了几次陀螺后，

觉得这确实是小孩子的玩意儿，便把陀螺塞进阿虎手中，“好了好了，阿虎，你别哭了！”

“吉姆哥哥是坏蛋！哼！”阿虎拿回陀螺后，擦擦脸上的泪花，飞快地跑开了。

“吉姆，你真不害臊，竟然欺负小孩，玩小孩的东西！”莉莎冲吉姆刮着自己的脸颊，“你羞不羞？”

“嘿嘿！”吉姆不好意思地挠挠头，“刚才只是闹着玩的！其实我的人品很好的！”说到这，他拉着莉莎的手，说，“我们回家吧！大不了今天晚上的碗我来洗，今天

的垃圾我来倒！”

“哈哈，”莉莎大笑起来，说，“既然你这么乖，我就让你看看‘**褪色的陀螺**’吧！”

“‘褪色的陀螺’是什么？”吉姆的眼睛亮起来，他迫不及待地催促，“回家，回家，快回家！我等着看你的‘褪色的陀螺’！”

材料

彩色水彩笔

白纸

圆规

剪刀

步骤1 用圆规在白纸上画1个圆，圆的直径约为10厘米。

步骤2 在圆上分区，划分出7等份，然后用水彩笔分别涂上：红、橙、黄、绿、青、蓝、紫，7种颜色。

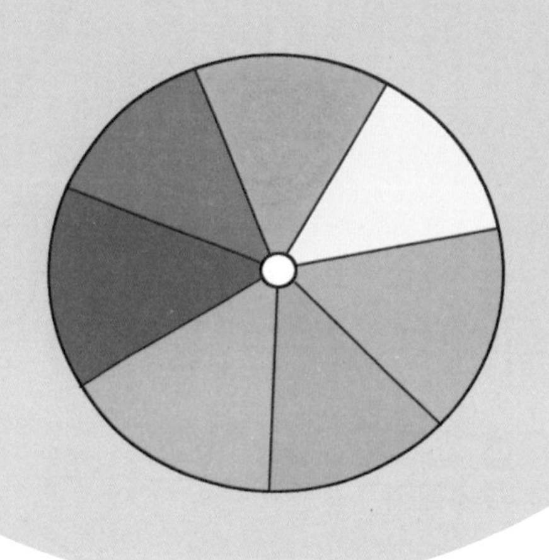

步骤3 把涂色后的圆剪下，将铅笔插进圆心位置。

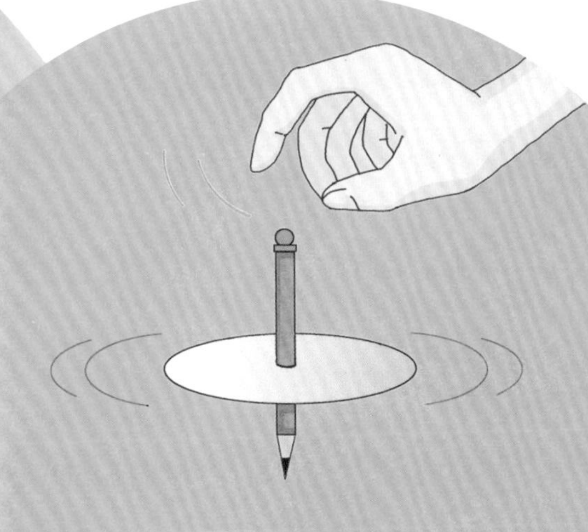

步骤4 转动铅笔，令七色的纸陀螺飞快地旋转。

观察： 奇怪的事情发生了。纸盘上原本漂亮的7种颜色，竟然在旋转时褪色，变成了灰白色哦。

小原理：

当彩色纸盘飞快旋转时，我们的眼睛在很短暂的时间里看见红、橙、黄、绿、青、蓝、紫**7种颜色**，但因为我们眼睛反应的速度**没有纸盘旋转的速度快**，所以眼睛会向大脑传递一个信息，即我们看到的是一个**混合**的颜色：灰白色。于是，陀螺在我们看来就“褪色”了。

自己动手提炼盐

“吉姆，你能给我倒杯**糖水**吗？”莉莎气喘吁吁地推门而入，“刚才我和朱迪在操场跑了好几圈，累得要死！我现在觉得有些头晕，想喝杯甜丝丝的糖水哦！”

“莉莎，你早上早餐吃得少，可能血糖有些低！”

“咦！吉姆，你现在很有学问哦，竟然连血糖低都知道！”莉莎冲他一笑，说，“请帮我倒杯加了很多很多糖的水吧！谢谢你，亲爱的吉姆！”

“不客气！”吉姆点点头，拿起桌子上的玻璃杯，走进厨房。

可是，几分钟后，不，是几秒钟后，厨房里发出一声可怕的**尖叫**。

“啊——”吉姆端着杯子，脸色苍白地跑出来，“莉莎，莉莎！”

“怎么了？”莉莎不解地看着吉姆，“看你神色慌张的样子，难道你在厨房发现了蟑螂？”

“NO！”吉姆摇摇头，指着手里的杯子，说，“糟糕，糟糕，真糟糕！刚才我给你倒糖水的时候，不小心把盐当成糖加进了水中！呜呜……我本来想给你喝一杯超级甜的糖水，所以特地加了很多勺‘糖’，等我放下调料罐，才发现加的是盐，不是糖！”

“啊！你这个马大哈！”莉莎叹息道。

“莉莎，看来这杯盐水得倒掉了！唉，我真是浪费哦！”吉姆难过地看着莉莎，说，“我重新给你倒杯糖水吧！”

“吉姆，先别急！这杯盐水未必会浪费！”莉莎说到这，拍拍吉姆的肩膀，说，“我有办法把盐水中的盐‘抓’出来！现在，我们一起动手提炼盐吧！”

“啊？莉莎，我们真的可以把盐水中的盐提炼出来吗？”吉姆听到莉莎的话，高兴得差点跳起来，“太好了！你需要准备什么材料？我来帮你准备！”

材料

广口玻璃瓶

铁钉

绳子

铅笔

将水倒入广口玻璃瓶中。

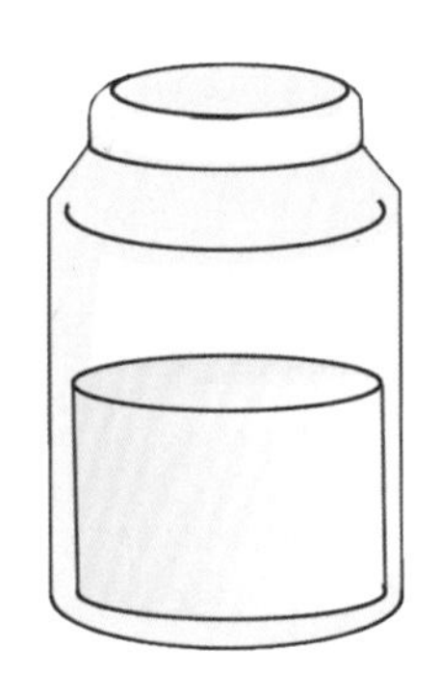

步骤2 浓盐水的比例为：1匙盐兑30毫升水。

步骤3 将铁钉清洗干净，系在绳子的一端，将绳子另一端系在铅笔上。

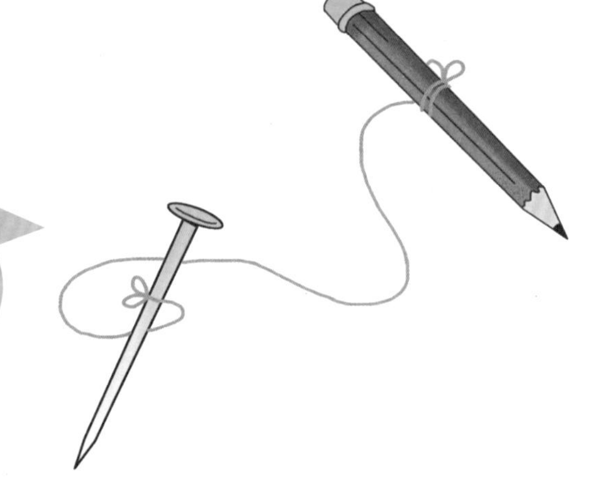

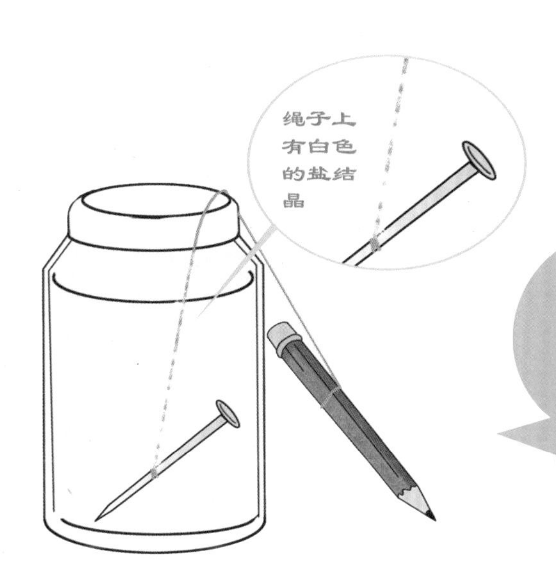

步骤4 将铁钉丢进盐水中，而铅笔则悬挂在广口玻璃瓶的外面。

观察：几天后，我们会在绳子上发现许多白色的盐结晶。

小原理：

浓盐水被吸到绳子上。其中的水分子以**蒸汽形态**慢慢进入空气。当水从盐水中蒸发后，**盐分子**便会留在绳子上，形成**立方体状的结晶**。当浓盐水中的**水分全部蒸发**后，便能提炼出我们需要的**盐**了。

消失的圆点

“吉姆，你在看什么？”莉莎从房间走到阳台，发现吉姆正伸直脖子，向小区大门口张望。

“我在看妈妈呀！”吉姆嘴巴回答莉莎的问题，头仍然向前伸着，“妈妈这次出差要去整整一个月！哦，**我会想妈妈的，我会想妈妈的！**”

吉姆说到这，猛地转过头，说：“我想念妈妈做的红烧肉、红烧排骨、清蒸鱼、水晶虾，还有……荠菜饺子、萝卜丝丸子……”

“吉——姆——”莉莎觉得自己马上就要被气晕了。

这个臭小子，刚才满脸都是哀伤、难过的表情，搞得自己以为他是舍不得妈妈，正要安慰他几句，谁料，他竟然为了一张馋嘴才舍不得妈妈出差！

“嘿嘿！”吉姆见莉莎一副怒气冲天的模样，得意地说，“莉莎，我们都是大孩子了。妈妈出差用不着难过哦！再说，妈妈不在家的日子，我可以使劲儿看电视、玩游戏机、玩电脑。呵呵，我的生活多美好呀！”

“吉姆，如果妈妈听到你这些话，肯定会伤心的！”莉莎正色道，“好了，妈妈不在家，我替她监督你的日常生活！今天的作业写了吗？单词背了吗？课文抄了吗？”

“妈妈——”吉姆见莉莎提到作业，顿时凄惨地冲小区门口叫起来。可惜，小区门口早没了妈妈的身影，吉姆沮丧

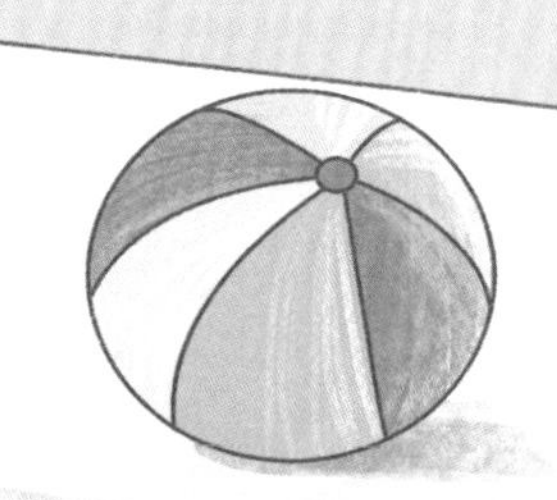

地说：“哎哟，我的眼睛怎么不是千里眼呢？真是郁闷！我现在真的有些想妈妈了！”

“千里眼？吉姆，别说笑话了。你知道吗，我们的眼睛在某些时候，即使睁开也看不见东西，何况这世界上根本不存在千里眼！”

“看不见东西？”吉姆摇摇头，说，“闭上眼睛看不见东西我信，可是睁着眼睛却看不见东西，这……我不信！”

“不信？”莉莎拉着吉姆的胳膊，说，“吉姆，来吧，我让你见试一下！”

“嗯哪！”吉姆觉得，睁着眼睛看不见东西是非常不可思议的事情。他点点头，乖乖地跟着莉莎走进房间……

A4 纸

笔

步骤 1 在纸上用笔画 1 个小小的圆点。

步骤 2 用右手抓着纸，然后捂上左眼，再用右眼盯着圆点。

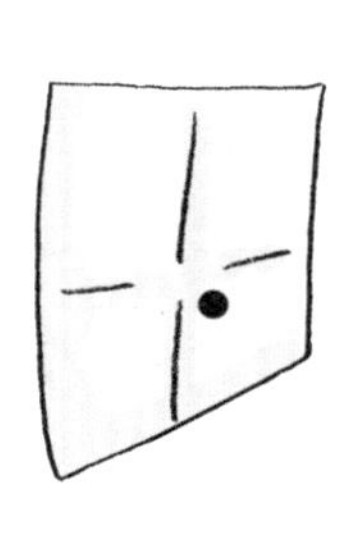

步骤 3 用右手举着纸，伸长胳膊，然后慢慢地让纸张靠近自己，然后再伸直胳膊。

步骤4 观察：在圆点离眼睛25~30厘米之间的位置上，你会发现，即使右眼是睁开的，也看不到纸上的圆点——圆点消失了。

小原理：

这个实验其实是利用了视觉中的**盲点**来实现的。盲点是什么？简单地说，盲点就是当物体处于某一个位置上，我们的眼睛即使睁开也无法看见它。盲点是因为眼睛构造而形成的**视野缝隙**。视网膜上被视神经穿过的地方是没有感光细胞的。当影像投射在刚好没有感光细胞的位置上时，视觉盲点就出现了。

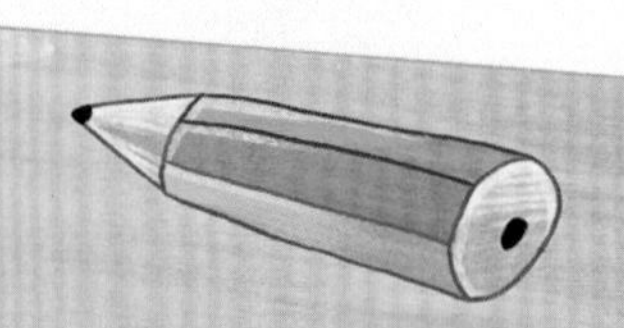